Torsten Machert

Wissenschaftliches Publizieren mit LaTeX2ε

Torsten Machert

Wissenschaftliches Publizieren mit LaTeX2$_\epsilon$

Der Kompaß zur erfolgreichen wissenschaftlichen Publikation

Die deutsche Bibliothek – CIP-Einheitsaufnahme

Machert, Torsten:
Wissenschaftliches Publizieren mit LaTex$_\varepsilon$: der Kompaß zur erfolgreichen
wissenschaftlichen Publikation / Torsten Machert.
– Braunschweig; Wiesbaden: Vieweg, 1998
  (Vieweg Ausbildung und Studium)

ISBN-13: 978-3-528-05664-3   e-ISBN-13: 978-3-322-86588-5
DOI: 10.1007/978-3-322-86588-5

Die Wiedergabe von Gebrauchsnamen, Handelsnamen, Warenbezeichnungen usw. in diesem
Werk berechtigt auch ohne besondere Kennzeichnung nicht zu der Annahme, daß solche Namen
im Sinne der Warenzeichen- und Markenschutz-Gesetzgebung als frei zu betrachten wären und
daher von jedermann benutzt werden dürften.

Höchste inhaltliche und technische Qualität unserer Produkte ist unser Ziel. Bei der Produktion
und Auslieferung unserer Bücher wollen wir die Umwelt schonen: Dieses Buch ist auf säurefrei-
em und chlorfrei gebleichtem Papier gedruckt. Die Einschweißfolie besteht aus Polyäthylen und
damit aus organischen Grundstoffen, die weder bei der Herstellung noch bei der Verbrennung
Schadstoffe freisetzen.

Druck und buchbinderische Verarbeitung: Lengericher Handelsdruckerei, Lengerich

ISBN-13: 978-3-528-05664-3

FÜR TINA.

Vorwort

Wie Ihnen dieses Buch nützt

Dieses Buch ist Ihnen ein praktischer Begleiter und Leitfaden beim Erstellen Ihrer wissenschaftlichen Publikation. Unter dem Begriff *wissenschaftliche Publikation* sollen Seminar- und Diplomarbeiten, sowie Dissertationen und Habilitationsschriften subsummiert werden. Selbstverständlich kann es in diesem Buch nicht darum gehen, die inhaltliche Seite einer solchen Arbeit zu behandeln. Ziel dieses Buches ist es, Sie zu befähigen, dem – wie ich hoffe – ausgezeichneten Inhalt Ihrer Arbeit einen entsprechenden äußeren Rahmen, also adäquate Form zu verleihen.

Dabei werde ich Sie mit den in unserem Kulturkreis vorherrschenden Auffassungen und Usancen beim Schreiben solcher Arbeiten bekanntmachen. Dazu gehören beispielsweise das korrekte Zitieren, die Arbeit mit Fußnoten usw. Allgemein gültige Regeln für die formelle Seite beim Schreiben einer wissenschaftlichen Arbeit werden Sie in diesem Buch ebenso wenig wie in anderen Büchern finden. Leider gibt es an vielen Hochschulen und Universitäten und bei vielen Betreuern und „Doktorvätern" recht unterschiedliche Auffassungen zur formellen Seite einer wissenschaftlichen Arbeit. Ungeachtet dessen sind Sie immer auf der richtigen Seite, wenn Sie den Darstellungen dieses Buches folgen.

Dieses Buch ist mehr als eine Einführung in die Arbeit mit LaTeX bzw. LaTeX 2_ε. Sie erwerben in diesem Buch das Wissen, das Sie zum Anfertigen Ihrer Arbeit mit LaTeX benötigen. Dabei werde ich Ihnen zeigen, wie ohne Manipulationen und Veränderungen von LaTeX eine im wahrsten Sinne des Wortes „ansehnliche" Arbeit produzieren können.

Was ist LaTeX?

Um dieses Frage zu beantworten, müssen wir uns einen Schritt in der Historie zurückbegeben. In den 70er Jahren wurde durch den amerikanischen Universitäts-Professor Donald E. Knuth das Programm TeX entwickelt. Dieses Programm – oder besser ausgedrückt dieses Programmsystem – dient zum typographisch korrekten und ästhetisch anspruchsvollen Setzen von Texten verschiedenster Art (Bücher, Artikel, Briefe usw.).

TEX ist gleichsam eine Sprache, mit deren Hilfe definiert wird, wie bestimmte Zeichen oder Textpassagen zu drucken sind. Entsprechend ist auch die Vorgehensweise beim Setzen eines Dokumentes mit TEX:

- Der Text wird zunächst mit einem Texteditor erfaßt. Wenn die Texte nicht allzu lang sind, kann sogar das MS-DOS-Programm *Edit* verwendet werden. Bei längeren Texten sollte auf ein gutes Textverarbeitungsprogramm zurückgegriffen werden. Wichtig ist nur, daß es Texte im ASCII-Format, also ohne Formatierungsanweisungen, speichern kann.

- Dieser Text wird mit TEX-Anweisungen zum Setzen bestimmter Textpassagen versehen. Sie geben beispielsweise an: „Diesen Teil des Textes möchte ich gerne **fett** drucken.", die natürlich anderes lauten, aber im Prinzip so funktionieren.

- Der zusammen mit den TEX-Anweisungen gespeicherte Text wird an das Programm TEX gegeben, das daraus das gesetzte Dokument in einem zunächst noch druckerunabhängigen Format erstellt.

- Mit einem speziell dafür geschaffenen Programm können Sie sich das Dokument am Bildschirm ansehen. Dabei sehen Sie das Dokument so, wie es später nach dem Druck aussehen wird.

- In einem nächsten Schritt wird dieses Dokument in eine ausdruckbare Datei gewandelt und kann dann ausgedruckt werden.

Dieser ganze Vorgang ist sehr aufwendig (insbesondere auch deshalb, weil er bei Fehlern in den TEX-Anweisungen immer wieder wiederholt werden muß). Aber nur er führt zu typographisch korrekten Ergebnissen. Nur er allein ermöglicht die Verwendung mehrerer hundert mathematischer Formeln, bei denen *Word für Windows* in die Knie gehen würde. Um mit diesem Programm umgehen zu können, bedarf es daher guter typographischer Kenntnisse und einer gewissen Einarbeitungszeit, um zu typographisch ansprechenden Dokumenten zu gelangen. Um die genannten Probleme zu mildern, wurde durch Leslie Lamport – aufbauend auf den Programmiermöglichkeiten von TEX – eine Makrosammlung entwickelt, die dem Anwender das komplizierte Programmieren abnimmt und ihn vor allem vor umfangreichen Überlegungen zur Typographie des Dokuments befreit.

Mit LATEX wird die logische Struktur eines Textes beschrieben. Sie legen mit LATEX also beispielsweise nicht fest, wie eine Überschrift zu setzen ist, sondern teilen dem Programm lediglich mit, daß es sich bei einem bestimmten Textabschnitt um eine Überschrift handelt. Die Arbeit mit LATEX bedeutet, daß in den geschriebenen Text Anweisungen zur logischen Struktur des Dokumentes geschrieben werden. Solche Anweisungen können beispielsweise lauten: „Das ist die Kapitelüberschrift' , „Das ist eine Aufzählung" usw. Natürlich verwenden Sie nicht die durch mich genannten Beispiele, sondern standardisierte Anweisungen, deren Anwendung Ihnen mit diesem Buch vermittelt werden sollen. Wie der so ausgezeichnete Text aussieht, wird durch das Gespann LATEX und TEX bestimmt.

Wenn man von LaTeX spricht, meint man immer auch TeX, das auf der Grundlage
der LaTeX-Anweisungen im Hintergrund „werkelt". Wenn ich also in diesem Buch
den Begriff LaTeX verwende, impliziert er auch immer TeX. Gegenstand dieses
Buches ist die LaTeX-Version 2e, für die im allgemeinen die symbolische Schreibweise
LaTeX 2_ε verwendet wird. So soll auch in diesem Buch verfahren werden.

Warum LaTeX?

Es dürfte als selbstverständlich angenommen werden, daß Sie beim Schreiben Ihrer
Examens- oder Diplomarbeit höchsten Wert auf eine korrekte inhaltliche Darstellung des Themas Wert legen. Nun gehört aber zu einem guten Inhalt auch eine gute
Form. Sie könnten Ihre Arbeit natürlich auch mit einem modernen Textverarbei-
tungsprogramm „in Form bringen". Um dabei jedoch keine typographischen Fehler
zu machen, müßten Sie sich eigentlich zunächst mit den Grundbegriffen der Typo-
graphie vertrautmachen. Sie müßten sich Wissen zum Einsatz von verschiedenen
Schriften, verschiedenen Schriftgrößen, der Größe des Satzsspiegels usw. aneignen.
Sie merken schon, daß es enorm viele Faktoren gibt, die auf die äußere Form Ihrer
Arbeit Einfluß haben. Eine gute äußerliche Form kann zwar eine inhaltlich schlechte
Arbeit nicht verbessern, ein schlechte Form kann aber den Eindruck, den ein guter
Inhalt hinterläßt, leicht schmälern. Verwenden Sie hingegen LaTeX werden Sie – wie
bereits angedeutet – von typographischen Überlegungen weitgehend verschont.

Insbesondere im naturwissenschaftlichen und technischen Bereich werden Examens-,
und Diplomarbeiten geschrieben, die eine sehr große Zahl von mitunter recht komplizierten Formeln aufweisen. Die meisten der heute verwendeten Textverarbeitungsprogramme gestatten nur eine sehr komplizierte und ressourcenverschlingende
Generierung und Verwaltung von Formeln. Das Einfügen von Formeln in Fließ-
texte wird von den meisten Programmen überhaupt nicht unterstützt. Die einzig
mögliche Alternative besteht deshalb in der Verwendung von TeX bzw. von LaTeX.

Der in wissenschaftlichen Arbeiten nachzuweisende sichere Umgang mit Zitaten
erfordert ein Programm, daß in einfacher Weise mit Querverweisen und Fußnoten
umgehen kann. Das Anlegen eines auch umfangreichen Literaturverzeichnisses muß
mit einfachen Mitteln möglich sein. Auch hier hat LaTeX nur wenig Konkurrenz.

Examens-, und Diplomarbeiten aus dem naturwissenschaftlichen Bereich unterscheiden sich von Arbeiten der Studenten aus geisteswissenschaftlichen Disziplinen unter
anderem auch dadurch, daß sie eine große Zahl von kompliziert strukturierten Tabellen enthalten. Auch auf diesem Gebiet ist LaTeX ein Meister seines Fachs.

Die meisten der heute verwendeten Textverarbeitungsprogramme ermöglichen das
Anlegen und Verwalten eines Stichwortverzeichnisses. Doch auch auf diesem Gebiet hat LaTeX 2_ε einiges zu bieten. Sie können leicht einen Index über mehrere
Dokumente anlegen und verwalten. Mit Zusatzpaketen – die Sie in diesem Buch
kennenlernen werden – ist es gar möglich, mehrere Verzeichniss Indizes anzulegen
(beispielsweise ein Stichwortverzeichnis und ein Namensverzeichnis).

Neben den genannten Vorzügen, die LaTeX geradezu als Helfer bei der Erstellung einer Examens- oder Diplomarbeit prädestinieren, soll nicht unerwähnt bleiben, daß Sie mit LaTeX komfortabel ein Inhaltsverzeichnis anlegen können. Dazu bedient es sich der Gliederungsebenen des Dokuments, die durch LaTeX automatisch numeriert werden. LaTeX unterstützt Sie beim Anfertigen von Grafiken sowie beim Einbinden von mit Drittprogrammen erzeugten Abbildungen und Grafiken.

Ein weiterer enormer Vorzug von LaTeX ist, daß es weitgehend systemunabhängig ist. TeX und LaTeX gibt es praktisch für alle heute verwendeten Betriebssysteme und Rechnerplattformen. Es ist daher unerheblich, auf welchem Rechnersystem und unter welchem Betriebssystem Sie arbeiten. Probleme bei einem Wechsel zwischen diesen Welten werden nicht auftauchen, zumal Ihre Texte stets im ASCII-Format gespeichert werden. Die ansonsten immer wieder auftauchenden leidigen Konvertierungsprobleme werden nicht auftauchen.[1]

Die Programme

Bevor wir uns mit der Verwendung von LaTeX bei der Erstellung von wissenschaftlichen Publikationen beschäftigen können, muß sichergestellt sein, daß sowohl TeX als auch LaTeX auf dem Computer installiert sind, auf dem Sie arbeiten. Sollten die Programme nicht vorhanden sein, müssen die beiden genannten Systeme zunächst installiert werden. Davor muß allerdings eine sogenannte TeX-Distribution ausgewählt werden. Dabei handelt es sich um Pakete mit recht unterschiedlichem Umfang und Leistungsvermögen, die alle für die Arbeit mit TeX und LaTeX benötigten Dateien enthalten. Allen Distributionen ist eine Mindestkonfiguration gemeinsam. Die Unterschiede zwischen den vorhanden Distributionen bestehen darin, daß sie unterschiedlich viele Zusatzpakete enthalten, unterschiedlich leicht oder kompliziert zu installieren sind und unterschiedlich viel kosten. Was den letzten Punkt betrifft, so muß gesagt werden, daß es kommerzielle und freie TeX- und LaTeX-Distributionen gibt. Empfehlenswert sind die Distributionen emTeX von Eberhard Matthes sowie 4alltex, die auf emTeX basiert und vergleichsweise komplikationslos zu installieren ist. Das in beiden Distributionen verwendete emTeX ist sehr schnell und theoretisch[2] kostenfrei über das Internet zu beziehen.

Darüber hinaus gibt es das sehr gute MikTeX, das unter anderem über den ftp-Server `ftp.dante.de` bezogen werden kann. Diese Distribution ist für den Einsatz unter Windows95 und WindowsNT zugeschnitten. Das mit diesem Paket bereitgestellte LaTeX 2_ε ist sehr schnell, und die gesamte Distribution wird unkompliziert installiert. Sollten Sie keinerlei Erfahrung mit der Installation eines LaTeX 2_ε-Systems haben, sollten Sie MiKTeX verwenden. Im Kapitel A gebe ich Ihnen noch ein paar Hinweise zur Installation dieses LaTeX 2_ε-Systems.

---

[1] Dabei muß jedoch angemerkt werden, daß diese Aussage nur dann uneingeschränkt gilt, wenn Sie auch Ihre deutschsprachigen Texte ohne die Umlaute und das ß erstellen. Doch dazu erfahren Sie mehr im nächsten Kapitel.

[2] Praktisch kommt bei einem Datenvolumen von knapp 16 Mbyte einiges an Telefongebühren und Zahlungen an den Internet-Provider zusammen.

Danksagungen

Wenn dieses Buch ein Erfolg ist, dann er viele Väter (und eine Mutter), ist es ein Mißerfolg, dann bin nur ich allein dafür verantwortlich. Da ich an den Erfolg glaube, will ich den Vätern (und der Mutter) dieses Erfolgs danken. Dank gebührt Herrn Dr. Reinald Klockenbusch, der mit viel Engagement und klugen Ideen das Wachsen und Gedeihen dieses Buchs befruchtet hat. Zu danke habe ich Frau Dr. Ulrike Walter, die – zwar neu im Verlag – mich in der Endphase des Projekts mit viel Druck und Eifer getrieben hat, doch endlich die wartenden Buchhändler und Leser zu beliefern. Mein Dank gilt auch Herrn Rames Abdelhamid, der mit seinem Werk [Abd96] bei Vieweg nicht nur den Reigen der LaTeX-Bücher eröffnet hat, sondern der durch sein frühes Korrekturlesen und seine guten Hinweise einen wichtigen Beitrag zu diesem Buch geleistet hat.

Berlin, Lindau im Januar 1998   Torsten Machert

Inhaltsverzeichnis

Kapitel 1

Ihr erster Erfolg

In diesem Kapitel werden Sie Ihr erstes – wenn auch kurzes – Dokument mit LaTeX 2_ε erzeugen. Sie werden alles über den allgemeinen Aufbau eines LaTeX-Dokuments erfahren und dieses Wissen unmittelbar umsetzen.

Jedes LaTeX 2_ε-Dokument besteht aus einer Dokumentenpräambel und dem eigentlichen Textteil. Mit der Gestaltung beider Bereiche wollen wir uns in diesem Kapitel beschäftigen. Wenn Sie so wollen, steht in diesem Kapitel die Gestaltung der äußeren Form der Arbeit im Mittelpunkt unseres Interesses. Gleichzeitig werden Sie die Dokumentenpräambel für das Setzen Ihrer Arbeit entwicklen und im Verlaufe dieses Kapitels das erste mit LaTeX 2_ε gesetzte Dokument erzeugen.

1.1 Gestaltung der Dokumentenpräambel

Jedes LaTeX 2_ε-Dokument muß mit dem Befehl \documentclass beginnen. Mit ihm wird festgelegt, welche Art von Dokument erzeugt werden soll. Davon sind wiederum die Seitengestaltung, die Auswahl der Schriftgröße u.a. abhängig. Gegenwärtig werden durch LaTeX 2_ε standardmäßig folgende Dokumententypen unterstützt: article, report, book und proc. Jeder dieser Dokumenttypen ist für bestimmte Anwendungsgebiete vorgesehen und verfügt deshalb über unterschiedliche Stilmerkmale wie das Vorhandensein oder Nichtvorhandensein von Kopf- und Fußzeilen, den ein- oder zweiseitigen Druck usw.

Der Dokumententyp wird durch den Befehl

```
\documentclass{Dokumentklasse}
```

definiert. Für unsere Zwecke – also für das Schreiben und Gestalten von wissenschaftlichen Publikationen – sind die Dokumentenklassen book und report interessant. Der Befehl, mit dem sie aktiviert werden, würde also lauten:

```
\documentclass{book}
```

oder

```
\documentclass{report}
```

Diese beiden Dokumentenklassen sind eigentlich in ihrer Wirkung gleich. Sie unterscheiden sich allerdings in einigen standardmäßig verwendeten Vorgaben, die aber – wie unten erläutert werden wird – problemlos zu ändern sind, so daß aus der einen Klasse die andere Klasse erzeugt wird. Im Gegensatz zur Klasse **book** wird in der Klasse **report** das Dokument einseitig gedruckt[1]. In der Klasse **book** werden Vorder- und Rückseite bedruckt. Das hat gleichzeitig zur Konsequenz, daß die Seiten mit einem für das Binden oder Heften des Dokumentes vorgesehenen Bundsteg ausgestattet werden, der alternierend auf der linken oder rechten Blattseite erscheint. In der Dokumentklasse **book** wird jedes neue Kapitel auf der nächsten ungeraden Seite begonnen, bei der Dokumentklasse **report** schließen neue Kapitel fortlaufend an vorhergehende Kapitel an. Ansonsten verwenden beide Dokumentklassen standardmäßig als Papierformat das amerikanische Letterformat (11 Zoll * 8.5 Zoll), einen Schriftgrad von 10 pt, einen einspaltigen Satz und die höchste Qualitätsstufe[2].

Diesen zusätzlichen Gestaltungsmerkmalen sind Sie jedoch nicht auf Gedeih und Verderb ausgeliefert. Sie können Sie Ihren Vorstellungen und den Vorgaben Ihrer Hochschule bzw. Ihres Fachbereichs entsprechend ändern leicht ändern. Solche Änderungen nehmen Sie in der Präambel innerhalb des Befehls `documentclass` vor. Hinter das Befehlswort werden in rechteckige Klammern optionale Parameter gesetzt, die jeweils durch ein Komma voneinander getrennt sind. Eine vollständige Aufstellung aller optionalen Parameter finden Sie in der Tabelle 1.2.

Dem Befehl \documentclass müssen als optionale Parameter jedoch nur die Parameter übergeben werden, die gegenüber den standardmäßig verwendeten Werten geändert werden sollen. Soll also beispielsweise die Dokumentenklasse **book** zusammen dem Papierformat A4 verwendet werden, muß der Befehl zu Beginn des Dokumentes lauten:

```
\documentclass[a4paper]{book}
```

Da Sie sicher Ihre Arbeit auf eben diesem Papierformat ausdrucken werden, haben Sie damit den ersten Befehl kennengelernt, der in der Dokumentenpräambel Ihrer Arbeit erscheinen wird. Die Dokumentklasse **book** verwendet standardmäßig eine 10-Punkt-Schrift. Sollte es jedoch gefordert sein, eine 12-Punkt-Schrift in der Arbeit zu verwenden, müßte die erste Zeile der Präambel lauten:

```
\documentclass[12pt,a4paper]{book}
```

Mit diesem Befehl verändern Sie nicht nur die Schriftgröße den Fließtext. LaTeX paßt automatisch die Schriftgrößen aller anderen Textkomponenten (Größe der Überschriften, Formeln, Zeilenabstände usw.) automatisch an diesen Wert an.

---

[1] Also nur auf den Vorderseiten
[2] Erläuterungen hierzu finden Sie im weiteren Verlauf dieses Kapitels

Parameter	Bedeutung
10pt	Schriftgrad des Fließtextes beträgt 10 pt.
11pt	Schriftgrad des Fließtextes beträgt 11 pt.
12pt	Schriftgrad des Fließtextes beträgt 12 pt.
oneside	Die Seiten werden einseitig bedruckt.
twoside	Die Seiten werden beidseitig bedruckt.
draft	Das Dokument wird nur im Entwurfsmodus gedruckt. Typographisch fehlerhafte Stellen werden durch ein schwarzes Rechteck markiert.
final	Das Dokument wird in höchster Qualität gedruckt.
titlepage	Das Dokument kann mit einer Titelseite gedruckt werden, wenn die dafür notwendigen Angaben vorhanden sind[3].
notitlepage	Die Ausgabe einer Titelseite wird unterdrückt. Das gilt auch wenn die für eine Titelseite notwendigen Angaben definiert wurden.
openright	Jedes neue Kapitel beginnt auf einer rechten also einer ungeraden Seite, wenn der beidseitige Druck aktiviert ist.
openany	Jedes neue Kapitel beginnt auf der Seite, die dem vorhergehenden Kapitel unmittelbar folgt.
onecolumn	Das Dokument wird einspaltig gedruckt.
twocolumn	Das Dokument wird zweispaltig gedruckt.
leqno	Im Dokument vorkommende Formeln werden nicht durchnumeriert[4].
fleqn	Im Text vorkommende, freistehende Formeln werden linksbündig ausgerichtet[5].

Tabelle 1.2: Optionale Parameter von `documentclass`

1.2 Ein- oder zweiseitig – Das ist hier die Frage!

Nach dieser kurzen Einführung in die Gestaltung des Dokuments wollen wir weitere Überlegungen zu Format und Form Ihrer wissenschaftlichen Arbeit anstellen. Es ist an vielen Hochschulen und Universitäten üblich, das A4-Format zu verwenden. In jenen Zeiten, als man wissenschaftliche Arbeiten mit der Schreibmaschine schreiben bzw. schreiben lassen mußte, war es keine Frage, daß der Text nur einseitig geschrieben werden kann. Heute sollte allerdings überlegt werden, ob nicht auch ein zweiseitiger Druck in Frage kommt. Dafür sprechen mehrere Gründe: Das Layout der wissenschaftlichen Arbeit ist von einem „echten" Buch praktisch nicht zu unterscheiden. Durch den zweiseitigen Druck verringert sich der Papierbedarf um die Hälfte. Die Kosten für das Binden der Arbeit können dadurch verringert werden. Nicht zu unterschätzen ist auch die ökologische Bilanz durch eine bessere

Ausnutzung des Papiers.

Nun mögen Sie einwerfen, daß Ihr Drucker nicht den beidseitigen Druck beherrscht. Doch auch das ist kein Problem. Da Sie mehrere Exemplare Ihrer wissenschaftlichen Abschlußarbeit benötigen, müssen Sie ohnhin einen Copy-Shop aufsuchen. Sie können deshalb Ihre für den beidseitigen Druck vorbereitete Arbeit mit einem gewöhnlichen Drucker vollständig ausdrucken. Sie sollten dabei nach Möglichkeit gerade und ungerade Seiten getrennt ausdrucken. Im Copy-Shop lassen Sie nun zunächst alle ungerade Seiten forlaufend kopieren. Anschließend legen Sie die Kopien wieder in das Kopiergerät zurück und kopiere auf die Rückseiten die geraden Seiten. Fertig ist ein beidseitig bedrucktes Dokument! Mittlerweile verfügen Copy-Shops allerdings auch immer häufiger über Kopiergeräte, mit denen in einem Arbeitsgang aus einer einseitig bedruckten Vorlage zweiseitig bedruckte Kopien gemacht werden.

Ich empfehle Ihnen auf jeden Fall, sich aus den genannten Gründen für den zweiseitigen Druck zu entscheiden. Sie sollten diese Frage jedoch unbedingt mit Ihrem Betreuer abstimmen. Sie müssen damit rechnen, daß sie mit einer recht konservativen Haltung konfrontiert werden. In diesem Fall müssen Sie Ihre Arbeit einseitig setzen und drucken. Dazu muß der erste Befehl der Dokumentenpräambel lauten:

```
\documentclass[12pt,a4paper,oneside]{book}
```

Haben Sie jedoch auch keine Scheu, für den zweiseitigen Druck der Arbeit zu argumentieren. Es werden Sie keine vernünftigen Gründe dagegen finden lassen[6].

Beim zweiseitigen Druck stellt sich allerdings die Frage, ob ein neues Kapitel auf einer ungeraden oder einer geraden Seite beginnt. Üblich und richtig ist der Beginn auf einer ungeraden Seite. Das ist auch in book.cls voreingestellt. Wollen Sie, daß ein neues Kapitel auf der dem vorangegangenen Kapitel unmittelbar folgenden Seite beginnt, müssen Sie in die eckigen Klammern des Befehls documentclass die Anweisung openany einfügen.

1.3 Aktivierung zusätzlicher Befehle

Für die weitere Arbeit mit LaTeX 2_ε ist es unter Umständen notwendig, bestimmte Pakte zusätzlich zu verwenden. Diese Pakete sind Makros, die die Fähigkeiten der aktuellen Version LaTeX 2_ε erweitern und zum Bestandteil der Version 3 werden sollen. Zu einem im deutschen Sprachraum unverzichtbaren Paket gehört das Paket german.sty für die Anpassung an die Besonderheiten der deutschen Sprache. Diese Paket sorgt dafür, daß die Worttrennnung nach den in deutschen Sprache üblichen Mustern erfolgt. Es ist aber gleichzeitig dafür verantwortlich, daß bestimmte Formate wie z.B. das Datumsformat an das in unserem Sprachraum übliche Format angepaßt wird. Viel wichtiger ist es allerdings, daß bestimmte durch LaTeX 2_ε standardmäßig verwendete Bezeichnungen nicht in englischer Sprache sondern in deutsch erscheinen. Die standardmäßig durch LaTeX 2_ε als Titel für das Inhaltsverzeichnis

---

[6] Ausnahmen sind die Sätze „Das machen wir schon immer so!" oder „Das muß so gemacht werden und nicht anders!", die „Musterbeispiele" für wissenschaftliches Argumentieren sind.

verwendete Bezeichnung *Table of Contens* muß bei uns selbstverständlich *Inhalts-verzeichnis* lauten. Um diese Anpassung in Ihrem Dokument verwenden zu können, müssen Sie hinter den `documentclass`-Befehl den Befehl `\usepackage` verwenden. Er enthält in geschweiften Klammern durch Kommata voneinander getrennt die zu verwendenden Zusatzpakete. Für die Verwendung der deutschen Anpassung muß der Befehl lauten:

```
\usepackage{german}
```

Damit ist die Präambel unseres Dokuments fertig und lautet nunmehr:

```
\documentclass{book}
\usepackage{german}
```

Im weiteren Verlauf des Buches werden Sie noch weitere Zusatzpakete nutzen. Diese Pakete werden wir dann zum jeweiligen Zeitpunkt in unser Dokument einbinden und ausführlich erläutern. Für den Moment sollen uns die beiden genannten Pakete genügen.

Die Präambel eines Dokuments kann noch weitere Anweisungen enthalten, die für das gesamte Dokument gelten sollen. Auch sie werden Sie im weiteren Verlauf des Buches sukzessive kennenlernen.

1.4 Gestaltung des Textteils

Der eigentliche Textteil beginnt danach mit dem Befehl

```
\begin{document}
```

Alles, was ihm folgt, wird durch LaTeX 2_ε als das zu erzeugende Dokument angesehen, dessen Ende durch den Befehl

```
\end{document}
```

markiert wird.

1.4.1 Ihr erstes Dokument

Sie haben jetzt bereits das Wissen erworben, das notwendig ist, um einen einfachen Text durch LaTeX 2_ε setzen zu lassen. Erstellen Sie dazu in MicroEMACS ein neues Dokument und schreiben in dieses Dokument den in der Abbildung 1.1 gezeigten Quelltext. Speichern Sie den Text ab. Die Dateiendung muß in jedem Fall **tex** lauten. Eine mögliche Bezeichnung wäre beispielsweise `uebung.tex`. Anschließend können Sie aus MicroEMACS heraus LaTeX 2_ε starten. Das Ergebnis des LaTeX 2_ε-Laufs sehen Sie sich dann mit DVIWIN an, das Sie ebenfalls aus MicroEMACS heraus starten können. Sollte LaTeX 2_ε während der Berarbeitung mit

```
\documentclass[11pt,a4paper]{book}
\usepackage{german}
\begin{document}
Hello, World! Hello, World! Das ist mein erster Text.
\end{document}
```

Abbildung 1.1: Das erste Dokument

Bezeichnung	Bedeutung
part	Hiermit wird die Überschrift des Teils eines Buchs gesetzt.
chapter	Hiermit wird die Überschrift eines Buchkapitels gesetzt.
section	Hiermit wird die Überschrift eines Abschnitts gesetzt.
subsection	Hiermit wird die Überschrift eines Unterabschnitts gesetzt.
subsubsection	Hiermit wird die Überschrift eines Unterabschnitts eines Unterabschnitts gesetzt.
paragraph	Hiermit wird die Überschrift eines Absatzes gesetzt.
subparagraph	Hiermit wird die Überschrift des Unterabsatzes eines Absatzes gesetzt.

Tabelle 1.4: Gliederungsebenen der Klasse thesis

einer Fehlermeldung seine Tätigkeit einstellen, vergleichen Sie bitte, den durch Sie eingegebenen Text mit der Abbildung 1.1.

Sie können dieses Muster für weitere Experimente verwenden, um die Wirkung von bestimmten Einstellungen in der Dokumentenpräambel kennenzulernen. Probieren Sie doch einfach alle in der Tabelle 1.2 gezeigten Optionen aus.

1.4.2 Gliederung von Texten

Jede wissenschaftliche Abschlußarbeit ist nach logischen Gesichtspunkten in Kapitel, Abschnitte, Unterabschnitte usw. gegliedert. Eine solche Gliederung wird auch durch LaTeX 2$_\varepsilon$ unterstützt. Der große Vorteil bei der Arbeit mit LaTeX 2$_\varepsilon$ besteht darin, daß Sie sich um die Zuweisung und Verwaltung der Nummern der einzelnen Gliederungsebenen nicht zu kümmern brauchen. Das bedeutet für Sie, daß Sie keinerlei Gedanken daran verschwenden müssen, welche Nummer ein Kapitel oder ein Abschnitt haben muß. Diese Arbeit wird Ihnen durch LaTeX 2$_\varepsilon$ abgenommen. Selbst das Umstellen der Reihenfolge von Kapiteln oder Abschnitten bereitet LaTeX 2$_\varepsilon$ keinerlei Probleme. Die Numerierung stimmt automatisch.

Die durch Sie für das Schreiben der Arbeit verwendete Dokumentenklasse book unterstützt insgesamt sieben Gliederungsebenen, die Sie der Tabelle 1.4 entnehmen können.

Das Formatieren der einzelnen Überschriften erfolgt dabei nach der folgenden allgemeinen Syntax:

```
\{Bezeichnung}{Überschriftentext}
```

Bezeichnung entspricht dabei den in der linken Spalte der Tabelle 1.4 aufgeführten Bezeichnungen. *Überschriftentext* ist ein durch Sie frei wählbare Text für die jeweilige Überschrift[7]. In der durch Sie gewählten Dokumentenklasse book erscheinen die aktuelle Kapitelüberschrift auf den geradzahligen Seiten und die aktuelle Abschnittsüberschrift auf der Seite mit den ungeraden Seitenzahlen als lebende Kolumnentitel. Darüber hinaus wird dieser Text im Inhaltsverzeichnis verwendet. Falls Sie besonders lange Titel für die Überschriften gewählt haben und sie somit keinen Platz in der Kopfzeile oder später im Inhaltsverzeichnis finden, können Sie in eckigen Klammern hinter der *Bezeichnung* eine Kurzform der Überschrift angeben, die in den Kolumnentitel und im Inhaltsverzeichnis durch LaTeX 2ε verwendet wird.

1.4.3 Numerierung von Gliederungsebenen

Wie bereits mehrmals erwähnt, werden die einzelnen Gliederungsebenen automatisch durch LaTeX 2ε numeriert. Diese Numerierung erstreckt sich allerdings nicht auf alle in der Dokumentenklasse book möglichen Ebenen. So würde die Überschrift dieses Abschnitts zwar als Überschrift markiert und formatiert: eine Nummer hätte sie jedoch nicht, und in das Inhaltsverzeichnis würde sie auch nicht aufgenommen werden. Standardmäßig werden nämlich durch LaTeX 2ε in der Dokumentenklasse book nur zwei Ebenen unterhalb von chapter numeriert. Damit erscheinen auch nur diese Ebenen in einem Inhaltsverzeichnis[8]. Wollen Sie weitere Ebenen in die Numerierung einbeziehen und in das Inhaltsverzeichnis aufnehmen, müssen Sie an das Ende der Präambel Ihres Dokuments den Befehl

```
\setcounter\secnumdepth{3}
```

setzen, um die Numerierung auf weitere Ebenen zu erstrecken. Maximal können Sie in der Dokumentenklasse book fünf Ebenen in die Numerierung und in das Inhaltsverzeichnis einbeziehen.

1.5 Seitengestaltung

Würde man ein Buch über die Arbeit mit einem der modernen Textverarbeitungsprogramme lesen, würde man in einem Kapitel wie diesem ausführliche Informationen und Handlungsanweisungen zum Einrichten der Seitenränder, der Bundstegs, des Raums für Kopf- und Fußzeilen usw. bekommen. Solche Informationen werden Sie hier nicht bekommen. Der Grund dafür ist, daß das Einrichten des sogenannten Satzspiegels viel typographisches Wissen voraussetzt. Dieses Wissen hat seinen

---

[7] Jedoch ohne Numerierung – sie wird durch LaTeX 2ε vergeben.
[8] Mehr zu diesem Thema im Kapitel 11.

Niederschlag in den den Dokumentenklassen und Paketen von LaTeX 2_ε gefunden. Somit sind typographisch korrekt gestaltete Seiten durch ihre Verwendung sichergestellt. Selbstverständlich ist es möglich, die vorgebenen Werte für die Seitenränder zu ändern. Wenn Sie sich für diese Gestaltungsmöglichkeiten interessieren, sollten Sie als vertiefende Lektüre eines der im Literaturverzeichnis angegebenen Bücher nutzen. Für das Anfertigen Ihrer wissenschaftlichen Abschlußarbeit mit LaTeX 2_ε ist dieses Zusatzwissen nicht notwendig.

Das Gute an LaTeX 2_ε ist, daß Sie sich ebenfalls nicht damit beschäftigen müssen, wie Sie Ihre Arbeit mit Kopf- und Fußzeilen versehen. Standardmäßig befindet sich bei Verwendung der Dokumentenklasse **book** in der Kopfzeile die aktuelle Seitenzahl. Wollen Sie in der Kopfzeile neben den Seitenzahlen auch die Überschrift des aktuellen Gliederungsabschnitts erscheinen lassen, setzen Sie unmittelbar hinter den Befehl \begin[document] die Anweisung

```
\pagestyle{headings}
```

Wollen Sie hingegen keine Kopfzeilen verwenden und die Seitenzahlen zentriert in der Fußzeile erzeugen, verwenden Sie den Befehl

```
\pagestyle{plain}
```

Besonderer Betrachtung bedarf die erste Seite jedes Kapitels. Sie besitzt standardmäßig keine Kopfzeile. Bei der Verwendung der Dokumentenklasse **book.cls** befindet sich auf der ersten Seite eines Kapitels die Seitennummer zentriert in der Fußzeile. Um diese Seite dem Stil der Folgeseiten anzupassen, setzen Sie unmittelbar hinter die Kapitelüberschrift den Befehl

```
\thispagestyle{headings}
```

Damit befindet sich auch auf der ersten Seite jedes Kapitels die Seitenzahl in der Kopfzeile.

LaTeX 2_ε gestattet es, auch eigene Vorstellungen bei der Gestaltung der Kopf- und Fußzeilen umzusetzen. Diese Varianten sollen jedoch im Rahmen dieses Buches nicht beschrieben werden, da Sie für die Zielstellung des Buches nicht nötig sind. Sollten Sie an einer Vertiefung Ihrer LaTeX 2_ε-Kenntnisse interessiert sein, möchte ich Sie erneut an das Buch von Rames Abdelhamid [Abd96] verweisen, das ebenfalls im Vieweg-Verlag erschienen ist.

1.6   Das Layout dieses Buches

Sie werden bei der Lektüre dieses Kapitels festgestellt haben, daß das Layout dieses Buches nicht vollständig dem in **book.cls** definierten Layout entspricht. Und tatsächlich habe ich an der Klasse **book.cls** ein paar Änderungen vorgenommen, um ein Layout zu erreichen, das näher am Aussehen der Bücher aus dem Vieweg-Verlag ist und dennoch die LaTeX 2_ε-Standardklasse **book.cls** erkennen ist. Die Änderungen betreffen folgende Bereiche:

- Die Kopfzeilen wurden dahingehend geändert, daß die Texte der Kopfzeile in kursiver Schrift erscheinen und die Kopfzeilen „unterstrichen" werden.

- Die Fußnotentexte wurden so geändert, daß die Texte gegenüber dem Fußnotenzeichen eingerückt dargestellt werden. Standardmäßig wird der Fußnotentext bei einem Zeilenumbruch unter dem Fußnotenzeichen fortgesetzt.

- Es wurde festgelegt, daß das für die Seiten eines Kapitels gültige Layout auch für die ersten Seiten eines jeden Kapitels gilt. Standardmäßig wird die erste Seite jedes Kapitels mit der Option plain gesetzt (keine Kopfzeile, Seitenzahl zentriert in der Fußzeile).

Diese Änderungen will ich Ihnen in den nächsten Abschnitten erläutern, um Ihnen die Möglichkeiten zu geben, das Layout Ihrer Arbeit unter Umständen ähnlich zu gestalten.

Wenn Sie Änderungen am Layout vornehmen, sollten Sie die Datei `book.cls` zunächst unter einer anderen Bezeichnung (z.B. als `mybook.cls` wie sie bei mir heißt) abspeichern und Änderungen nur an der neuen Datei vornehmen.

1.6.1 Layout der Kopfzeilen

Die Kopfzeilen dieses Buches sind wie folgt definiert:

```
\def\@evenhead{\vbox{\hsize\textwidth
             \hbox to \textwidth{\textit{\thepage}
             \rule[-.6ex]{0mm}{2mm} \hfill \textit{\leftmark}}
             \vskip 1pt \hrule}}

 \def\@oddhead{\vbox{\hsize\textwidth
             \hbox to \textwidth{\textit{\rightmark}
             \rule[-.6ex]{0mm}{2mm} \hfill \textit{\thepage}}
             \vskip 1pt \hrule}}%
```

Mit `\def\@evenhead` und `\def\@oddhead` werden die Kopfzeilen für die geradzahligen und die ungeradzahligen Seiten definiert. Für die kursive Auszeichnung des Kopfzeilentextes ist der Befehl `\textit` verantwortlich. Wollen Sie den Kopfzeilentext anders auszeichnen, ersetzen Sie diesen Befehl durch einen anderen Befehl zum Wechsel der Schrift[9].

Mit dem Befehl `\vskip 1pt \hrule` wird 1 Punkt unter dem Kopfzeilentext eine Linie über die gesamte Textbreite gezogen. Wollen Sie die Kopfzeilen ohne Unterstreichung gestalten, lassen Sie diesen Befehl weg.

Um das Kopfzeilenlayout Ihrer Arbeit wie oben gezeigt zu gestalten, müssen Sie in der Datei `book.cls` zunächst folgende Stelle suchen:

---

[9] Diese Befehle lernen Sie im Kapitel 3 kennen

```
\def\@evenhead{\thepage\hfil\slshape\leftmark}%
\def\@oddhead{{\slshape\rightmark}\hfil\thepage}%
```

Über diesen Zeilen muß sich die Zeile \def\ps@headings befinden. Diese beiden
Zeilen werden durch die oben erläuterten Ausdrücke ersetzt.

1.6.2 Layout der Fußnotentexte

Standardmäßig wird der Fußnotentext in book.cls wie folgt definiert:

```
\long\def\@makefntext##1{\parindent 1em\noindent
    \hb@xt@1.8em{%
      \hss\@textsuperscript{\normalfont\@thefnmark}}##1}%
```

Diese Stelle müssen Sie finden und durch die folgende Definition ersetzen, wenn Sie
das gleiche Layout für die Fußnotentexte verwenden wollen, wie in diesem Buch:

```
\long\def\@makefntext#1{\@setpar{\@@par\@tempdima \hsize
  \advance\@tempdima-10pt\parshape \@ne 10pt \@tempdima}\par
  \parindent 2em\noindent \hbox to \z@{\hss$^{\@thefnmark}\;$}#1}
```

Ersetzen Sie die alte Definition durch die neue.

1.6.3 Layout der Titelseiten

Wie bereits erwähnt werden in der Dokumentenklasse book die ersten Seiten von
Kapiteln, des Inhaltsverzeichnisses, des Sachwortverzeichnisses usw. standardmäßig mit der Option plain gesetzt. Um diese Seiten so wie alle übrigen Seiten des
Kapitels zu setzen, müssen Änderungen vorgenommen werden. Öffnen Sie also mit
einem Editor die unter neuem Namen gespeicherte Datei mit der Layoutdefinition
Ihrer Arbeit. Suchen Sie nach dem Begriff thispagestyle. Wenn hinter diesem Befehl
in geschweiften Klammern die Option plain steht, ersetzen Sie sie durch die Option
headings. Wenn hinter thispagestyle die Option empty steht, sollten Sie sie unverändert lassen. Es handelt sich hierbei um die Definition des Layouts der Titelseite,
un die sollte weder Kopf- noch Fußzeilen enthalten.

Nachdem Sie die Änderungen vorgenommen und die Datei gespeichert haben, werden die neuen Layoutdefinitionen in Ihrer Arbeit wirksam.

Kapitel 2

Absatzgestaltung

Bevor wir uns mit dem Formatieren von Absätzen beschäftigen, wollen wir uns zunächst darüber verständigen, was wir unter einem Absatz zu verstehen haben.

Aus Ihrer Arbeit mit Textverarbeitungsprogrammen wissen Sie, daß ein Absatz ein Textabschnitt ist der zwischen zwei Absatzendezeichen steht. Ebenso ist ein Absatz in einem LATEX 2ε-Dokument zu definieren. Das Betätigen der Return-Taste löst im Gegensatz zu den gängigen Textverarbeitungsprogrammen jedoch kein Absatzende aus.

Die Zeilen eines Absatzes werden auch in LATEX 2ε automatisch umgebrochen. Beim Umbruch läßt sich LATEX 2ε von typographischen Regeln leiten und versucht, alle Wörter und Zeichen gleichmäßig auf einer Zeile und über einen Absatz, ja sogar über die ganze Seite zu verteilen. Um zu einem guten Ergebnis zu kommen, ist LATEX 2ε in der Lage, Wörter eigenständig zu trennen. Zu diesem Zweck existieren sprachspezifische Trennmusterdateien, die in aller Regel zum Bestandteil einer LATEX 2ε-Distribution gehören. Die durch mich bereits empfohlenen Distributionen emTEX, 4alltex und MiKTeX enthalten ein Paket, das das Arbeiten mit deutschsprachigen Texten unterstützt. Dazu gehört ein für die deutsche Sprache entwickeltes Trennmuster, das automatisch mit dem Paket für die Anpassung an die deutsche Sprache geladen wird.

Sollte eine Silbentrennung nicht möglich sein, weil LATEX 2ε das Trennungsmuster eines bestimmten Wortes nicht kennt, ist es möglich, daß die Zeile, in der das Wort steht, typographisch nicht korrekt gesetzt werden kann. Unter Umständen sind die Abstände zwischen den Wörtern und Zeichen zu eng oder die Zeile ragt auf der rechten Seite über den Seitenrand hinaus. Wenn es zu einem solchen Fall kommt, macht LATEX 2ε beim Setzen des Textes in Form einer Fehlermeldung darauf aufmerksam[1].

Wenn LATEX 2ε ein bestimmtes Wort nicht trennt, weil es dessen Trennungsmuster nicht kennt, gibt es zwei Wege, LATEX 2ε dieses Wissen zu vermitteln. Der erste Weg

---

[1] Strategien zum Umgang mit Fehlermeldung gebe ich Ihnen im Anhang C

besteht darin, ein eigenes Trennmusterverzeichnis anzulegen, in dem solche Wörter abgelegt werden können. Ein solches Trennmusterverzeichnis muß am Anfang des Dokuments stehen. Es besteht aus dem Befehl \hyphenation, der in geschweiften Klammern alle Wörter enthält, die durch den Benutzer als für LaTeX 2ε unbekannte Wörter entdeckt wurden. Die einzelnen Wörter werden durch Leerzeichen voneinander getrennt und enthalten Bindestriche an den Stellen, an denen eine Trennung möglich ist. Wörter, die in dieses Trennmusterverzeichnis aufgenommen wurden, können allerdings nur an den hier festgelegten Stellen getrennt werden. Sie sollten also alle Trennmöglichkeiten markieren. Konsultieren Sie gegebenenfalls ein Wörterbuch zur Rechtschreibung. Beispiel:

```
\hyphenation{Ho-no-rar-pro-fes-sor Che-mie-la-bor}
```

Die im *hyphenation*-Befehl eingetragenen Trennmuster werden im gesamten Dokument verwendet. Daneben ist es auch im laufenden Text möglich, ein Trennmuster anzugeben. Mögliche Trennstellen eines Wortes werden durch \- gekennzeichnet. Beispiel: Ho\-no\-rar\-pro\-fes\-sor.

2.1 Das Absatzende

Das Ende eines Absatzes wird in LaTeX 2ε dadurch kenntlich gemacht, daß zwischen zwei Textpassagen eine Leerzeile gelassen wird. Diese Leerzeile erscheint im gesetzten Dokument nicht! Selbst mehrere Leerzeilen hintereinander würden nichts anderes als die Markierung *eines* Absatzendes bedeuten. Um eine Leerzeile zwischen zwei Absätzen zu erzeugen, müssen Sie LaTeX 2ε dazu explizit einen Befehl erteilen. Obgleich man in aller Regel die Verantwortung für den richtigen Zeilenumbruch voll LaTeX 2ε übergeben sollte, gibt es dennoch Fälle, die ein manuelles Auslösen eines Zeilenumbruchs erfordern. Dazu existieren in LaTeX 2ε die Befehle:

```
\\
```

und

```
\newline
```

Diese Befehle sollten Sie im Fießtext jedoch nicht verwenden. Hier kann als einzig mögliche Markierung eines Absatzendes die Leerzeile angesehen werden. Zum expliziten Anzeigen eines Absatzendes offeriert uns LaTeX 2ε den Befehl

```
\par
```

der – zwischen zwei Textabschnitte geschrieben – dafür sorgt, daß LaTeX 2ε diese Textabschnitte als Absätze erkennt.

2.2 Die Ausrichtung eines Absatzes

Unter der Ausrichtung von Absätzen versteht man die Art, wie sie am linken und rechten Seitenrand ausgerichtet werden. Sprechen wir von einem „linksbündigen" Absatz, meinen wir, daß alle Zeilen des Absatzes am linken Rand genau untereinander stehen. An der rechten Blattseite finden wir in diesem Fall den sogenannten „Flattersatz", nämlich unregelmäßige Abstände zwischen den einzelnen Zeilenenden und dem Seitenrand. Das Pendant zum linksbündigen Absatz ist der rechtsbündige Absatz. Vom Blocksatz sprechen wir, wenn ein Absatz sowohl links- als auch rechtsbündig ausgerichtet ist. Einen so ausgerichteten Absatz lesen Sie gerade. Ein zentriert ausgerichteter Absatz ist ein Absatz, der sich genau in der Seitenmitte befindet. Es ist, wenn Sie so wollen, ein Absatz, der links und rechts „flattert".

In LATEX 2$_\varepsilon$ wird der Fließtext eines Dokuments standardmäßig als Blocksatz gesetzt. Das im Hintergrund laufende TEX sorgt dafür, daß alle Zeichen und Wörter gleichmäßig über eine Zeile verteilt werden, und daß die Abstände zwischen den Wörtern nicht zu weit und nicht zu eng werden, damit der Gesamteindruck des Dokuments nicht gestört wird. Wenn Sie nicht wollen, daß Ihr Fließtext als Blocksatz gesetzt wird, können Sie ihn auch anders ausrichten. Für Ihre wissenschaftliche Publikation ist ein solches Vorgehen allerdings nicht zu empfehlen, da solche Arbeiten üblicherweise in einem konventionelleren Layout, also im Blocksatz, gesetzt werden. Da für bestimmte Zwecke ein links- oder rechtsbündiges oder gar zentriertes Ausrichten eines Absatzes notwendig ist, sollen die dafür notwendigen Befehle nicht verschwiegen werden.

2.2.1 Links-, rechtsbündiger und zentrierter Text

Absätze, die im Gegensatz zur standardmäßigen Ausrichtung von Texten links- oder rechtsbündig ausgerichtet werden sollen, müssen in eine sogenannte *Umgebung* gestellt werden. Eine Umgebung ist eine längere Textpassage, der durch die beiden Befehle \begin{*Umgebung*} und \end{*Umgebung*} eine gemeinsame Eigenschaft zugewiesen wird. Ohne es zu wissen, haben Sie bereits im Kapitel 1 eine solche Umgebung verwendet. Durch die Befehle \begin{document} und \end{document} haben Sie Ihren gesamten Text als *document* deklariert. Ähnlich verfahren wir bei der Festlegung der Umgebung für links- oder rechtsbündig ausgerichtetg Absätze. Nur wählen wir hier eine andere Bezeichnung für die Umgebung. Um einen Textabschnitt linksbündig auszurichten, schreiben wir vor den Beginn dieses Textes den Befehl

```
\begin{flushleft}
```

und an das Ende des Textes den Befehl

```
\end{flushleft}
```

Damit wird erreicht, daß alles, was sich zwischen diesen Befehlen befindet, linksbündig ausgerichtet wird. Analog dazu wird ein Textabschnitt durch die Befehle

```
\begin{flushright} und \end{flushright}
```

rechtsbündig ausgerichtet. Das Zentrieren eines Textes erfolgt durch die Befehle

```
\begin{center} und \end{center}
```

Zur Vertiefung des erworbenen Wissens sollten Sie die folgende Übung machen. Alle Übungen in diesem Buch sind so aufgebaut, daß ich Ihnen eine Aufgabe stellen werde, die Sie versuchen sollten zu lösen. Dabei ist es durchaus keine Schande sondern sogar erwünscht, wenn Sie zur Lösung der Aufgabenstellung die vorhergehenden Kapitel oder Abschnitte erneut lesen müssen. Die Lösung aller Aufgaben finden Sie im Anhang E.

Aufgabe 2.1: Erzeugen Sie den folgenden Text. Das im Text verwendete Symbol LaTeX 2_ε erzeugen Sie durch den Befehl `\LaTeXe` und einen angestellten Backslash zum Erzeugen eines Leerzeichens zwischen dem Symbol und dem nächsten Wort.

Absätze können in LaTeX 2_ε sowohl links-
als auch rechtsbündig ausgerichtet werden.
Sie können aber auch zentriert werden.

Absätze können in LaTeX 2_ε sowohl links-
als auch rechtsbündig ausgerichtet werden.
Sie können aber auch zentriert werden.

Absätze können in LaTeX 2_ε sowohl links-
als auch rechtsbündig ausgerichtet werden.
Sie können aber auch zentriert werden.

2.2.2 Absatzeinzüge

Unter einem Absatzeinzug versteht man den Abstand zwischen dem linken oder rechten Rand des Absatzes und dem Seitenrand. Standardmäßig wird in LaTeX 2_ε kein Einzug verwendet. Wenn wir von Einzügen sprechen, meinen wir aber nicht unbedingt immer nur den Einzug des ganzen Absatzes. Möglich ist es beispielsweise auch, nur die erste Zeile eines Absatzes einzuziehen. Ein solches Layout ist zwar in Deutschland nicht üblich, setzt sich aber immer mehr durch. Das Paket german.sty sorgt dafür, daß der erste Absatz nach einer Überschrift ohne Einzug gesetzt wird, die jeweils ersten Zeilen der folgenden Absätze werden links eingezogen.

Doch lassen Sie uns der Reihe nach alle LaTeX 2_ε-Befehle zum Manipulieren des Absatzeinzugs besprechen.

2.2.2.1 Einzug der ersten Zeile

Wenn Sie einen von der Dokumentenklasse oder dem Paket german.sty abweichenden Absatzeinzug verwenden wollen, können Sie in der Präambel Ihres Dokumentes, also noch vor `\begin{document}` durch den Befehl

```
\setlength\parindent{Wert}
```

festlegen, wie stark die erste Zeile eines Absatzes eingezogen werden soll. Wert ist dabei eine Zahl gefolgt von einer in LaTeX 2_ε gültigen Maßeinheit. Dem Absatz, den Sie gerade lesen, wurde der Befehl

```
\setlength\parindent{1.5cm}
```

vorangestellt. Die erste Zeile des Absatzes wird entsprechend um 1.5 cm eingezogen. Dieses Maß bleibt für alle folgenden Absätze erhalten.

Um dieses Maß zu verändern, oder um den Einzug der ersten Zeile eines Absatzes ganz aufzuheben, müssen Sie den Befehl mit einem neuen Maß wiederholen oder das Einziehen der ersten Zeile eines Absatzes durch den Befehl

```
\noindent
```

ganz aufheben.

2.2.2.2 Einzug des gesamten Absatzes

Häufig werden bestimmte Textabschnitte zur besseren Hervorhebung eingezogen. LaTeX 2_ε unterstützt das Einziehen eines ganzen Absatzes durch drei Umgebungen. Die Umgebung *quote* erzeugt einen links und rechts eingerückten Absatz. Mit der Umgebung *quotation* wird ebenfalls ein in dieser Umgebung befindlicher Absatz links und rechts eingerückt. Der Unterschied zu *quote* besteht darin, daß zusätzlich die erste Zeile eingerückt wird. Die Umgebung *verse* dient schließlich dazu, eine Struktur zu erzeugen, wie sie beim Schreiben von Texten in Versform Verwendung findet. Das Ende eines Verses wird durch \\ gekennzeichnet. Strophen werden kenntlich gemacht, indem zwischen die einzelnen Strophen Leerzeilen gesetzt werden. Falls die Zeile eines Verses so lang ist, daß sie nicht in einer Zeile dargestellt werden kann, wird die Verszeile unabhängig davon, wo sich der Befehl \\ befindet, umgebrochen und in der nächsten Zeile fortgesetzt. Dieser Teil der Verszeile wird dann aber durch LaTeX 2_ε links etwas eingerückt.

Aufgabe 2.2: Schreiben Sie den folgenden Text. Dabei werden Sie Gelegenheit haben, daß Formatieren von Zeichen zu wiederholen.

> Mit der Umgebung *quote* wird ein Absatz links und rechts eingezogen. Die Stärke des Einzug hängt von der im Absatz verwendeten Schriftgröße ab.

> Mit der Umgebung *quotation* wird ein Absatz ebenfalls links und rechts eingezogen. Der Unterschied zu *quote* besteht nur darin, daß die erste Zeile zusätzlich eingezogen wird.

> Über allen Gipfeln
> Ist Ruh'

In allen Wipfeln
Spürest du
Kaum einen Hauch;
Die Vögelein schweigen im Walde.
Warte nur, balde
Ruhest du auch.

2.2.3 Abstände zwischen Absätzen und Zeilen

Der Abstand zwischen den Zeilen und der Abstand zwischen den Absätzen ist wie
so vieles durch LaTeX 2_ε zunächst vorgegeben. Damit wird – wie bereits mehrmals
angedeutet – ein typographisch korrekt gesetzter Text gewährleistet. Ungeachtet
dessen gibt es die Möglichkeit, auch in diese vorgegebenen Parameter einzugreifen.

2.2.3.1 Zeilenabstände

Der Abstand zwischen den Zeilen eines Absatzes kann durch den folgenden Befehl
festgelegt werden:

```
\setlength\baselineskip{Wert}
```

Im Laufe der Zeit haben sich Erfahrungswerte herausgebildet, die eine gewisse Abhängigkeit zwischen der Schriftgröße, der Zeilenlänge und dem Zeilenabstand ma-
nifestieren. So ist es beispielsweise üblich, bei einer Schriftgröße von 10pt einen
Zeilenabstand von 12pt zu wählen. Bei längeren Zeilen macht es dieser Zeilenabstand bei einem Schriftgrad von 10pt dem Leser sehr schwer, beim Lesen nicht
von der aktuellen Zeile „abzurutschen". Deshalb wäre eine Vergrößerung des Zei-
lenabstands angebracht. *Wert* kann wiederum alle durch LaTeX 2_ε unterstützten
Maßeinheiten annehmen. Empfehlenswert ist allerdings die Maßeinheit ex, da sie
eine Größenänderung bezogen auf den Schriftgrad ermöglicht.

Wenn an bestimmten Stellen eines Textes ein Absatzabstand benötigt wird, der über
den standardmäßig verwendeten hinausgeht, kann dieser Abstand erzeugt werden,
indem an den Befehl zum Zeilenumbruch \\ in eckigen Klammern der gewünschte
Wert angefügt wird, also zum Beispiel:

```
\\[1.5ex]
```

Diese Variante werden wir im Kapitel 4 verwenden, wenn wir uns mit dem Erstellen
von Tabellen beschäftigen werden. Diesen Befehl gibt es auch in der Form

```
\\*[Wert]
```

Der Stern innerhalb dieses Befehls gestattet, daß es innerhalb des gewählten Ab-
stands zu einem Seitenumbruch kommen kann. Wird der Befehl ohne Stern verwendet, und ist dann ein Seitenumbruch unvermeidlich, wird die Seite durch LaTeX 2_ε

umgebrochen.Der als Abstand angegebene Wert wird dann erst ab der neuen Seite berechnet.

Aufgabe 2.3: Es gilt die drei unten gezeigten Absätze zu setzen. Im ersten Absatz wurde ein Zeilenabstand von 12pt verwendet. Im nächsten Absatz erhöht er sich um jeweils beträgt er 14pt und im dritten Absatz erneut 12pt.

In diesem Absatz beträgt der Abstand zwischen den Zeilen 12pt. In diesem Absatz beträgt der Abstand zwischen den Zeilen 12pt. In diesem Absatz beträgt der Abstand zwischen den Zeilen 12pt.

In diesem Absatz beträgt der Abstand zwischen den Zeilen 14pt. In diesem Absatz beträgt der Abstand zwischen den Zeilen 14pt. In diesem Absatz beträgt der Abstand zwischen den Zeilen 14pt.

In diesem Absatz beträgt der Abstand zwischen den Zeilen 12pt. In diesem Absatz beträgt der Abstand zwischen den Zeilen 12pt. In diesem Absatz beträgt der Abstand zwischen den Zeilen 12pt.

2.2.3.2 Absatzabstände

Der Abstand zwischen den Absätzen eines Textes kann durch den folgenden Befehl festgelegt werden:

```
\setlength\parskip{Wert}
```
,

wenn man einen anderen als den durch LaTeX 2_ε vorgegebenen Wert verwenden will. Von diesem Befehl sollten Sie nur in Ausnahmefällen Gebrauch machen oder wenn Sie über gute Kenntnisse in der Typographie verfügen. Ansonsten laufen Sie Gefahr, Ihre wissenschaftliche Arbeit durch Satzfehler zu verschandeln.

LaTeX 2_ε unterstützt drei weitere Befehle, mit denen unterschiedliche Absatzabstände möglich sind, die aber numerisch nicht darstellbar sind, da ihre Wirkung von der im Absatz verwendeten Schriftgröße abhängt. Es handelt sich dabei um die Befehle

```
\smallskip, \medskip und \bigskip
```

Wie die Bezeichnungen schon vermuten lassen, wird mit ihnen eine kleiner, ein mittlerer oder großer Abstand[2] zwischen zwei Absätzen erzeugt.

Ein elegante Möglichkeit, einen genau definierten Abstand zwischen zwei Absätze einzufügen, ist durch den Befehl

```
\vspace{Wert}
```

---

[2] Immer bezogen auf den aktuellen Zeilenabstand

gegeben. *Wert* ist auch hier wieder eine Dezimalzahl mit einer durch LaTeX 2_ε unterstützten Maßeinheit. Auch von diesem Befehl gibt es eine Variante mit einem Stern hinter dem Befehlswort. Seine Funktion entspricht der, die bei der Bedeutung des Sterns im Zusammenhang mit dem Befehl

```
\\*[Wert]
```

erläutert wurde. Der Befehl

```
\vspace
```

ist insbesondere dann nützlich, wenn es darum geht, einen wohl definierten Freiraum in einem Dokument zu erzeugen, um beispielsweise nach dem Ausdruck des Dokuments an diese Stelle ein Bild zu kleben, daß nicht in digitaler Form in das Dokument eingebunden werden konnte.

Aufgabe 2.4: Erzeugen Sie den unten gezeigten Text:

> Der Abstand zwischen
> den einzelnen Zeilen
>
> wird immer größer
>
> und größer, um dann

3 cm zu betragen.

2.3 Aufzählungen

Gerade wissenschaftliche Darstellungen machen starken Gebrauch von Aufzählungen, um in kompakter und systematisierter Form Fakten darzustellen. Bei diesen Fakten kann es sich um Zahlen, kurze Wortgruppen oder um längere Textabschnitte handeln. Die einzelnen Einträge werden entweder nur durch ein bestimmtes Zeichen kenntlich gemacht[3] oder durchnumeriert.

LaTeX 2_ε unterstützt standardmäßig insgesamt drei verschiedene Aufzählungstypen, die in den folgenden Abschnitten betrachtet werden sollen. Sie werden recht schnell merken, daß ihre Anwendung recht einfach ist. Vor allem haben sie aber den Vorteil,

---

[3] In den Zeiten der guten alten Schreibmaschine entstand der Begriff *Anstrich*, der sich bis in unsere heutige Zeit gerettet hat.

daß sie durch LaTeX 2_ε einfach und komfortabel verwaltet werden. Selbst kompliziert verschachtelte Aufzählungen werden durch LaTeX 2_ε souverän beherrscht.

Betrachten wir zunächst eine durchnumerierte Aufzählung. Sie wird durch die Umgebung gebildet, die durch die beiden Befehle

```
\begin{enumerate}
```

und

```
\end{enumerate}
```

entsteht. Alles, was zwischen zwischen diesen beiden Befehlen steht, gehört zur Aufzählung. Die einzelnen Einträge der Aufzählung werden durch den Befehl `\item` eingeleitet. Nach einem Leerzeichen können Sie dann einen beliebigen Text eingeben. Dabei müssen Sie sich wiederum nicht um die Form der Aufzählung kümmern. Die weiteren Einträge werden ebenfall durch den Befehl `\item` eingeleitet. Den Schluß dieser Art der Aufzählung bildet der Befehl `\end{enumerate}`. Sehen wir uns dazu ein Beispiel an. Die folgende Eingabe

```
\begin{enumerate}
\item Durchnumerierte Aufzählungen sind einfach zu
erzeugen.
\item Der Autor muß sich um die korrekte Numerierung der
einzelnen Einträge nicht kümmern.
\item Auch beim nachträglichen Einschieben zusätzlicher
Einträge wird die Aufzählung durch \LaTeXe\ stets richtig
numeriert.
\end{enumerate}
```

ergibt:

1. Durchnumerierte Aufzählungen sind einfach zu erzeugen.

2. Der Autor muß sich um die korrekte Numerierung der einzelnen Einträge nicht zu kümmern.

3. Auch beim nachträglichen Einschieben zusätzlicher Einträge wird die Aufzählung durch LaTeX 2_ε stets richtig numeriert.

Eine Aufzählung kann auch verschachtelt sein. Die maximale Verschachtelungstiefe beträgt dabei vier. Verschachtelte Aufzählungen werden durch Aufzählungen innerhalb der Aufzählung erzeugt. Sehen Sie sich zur Verdeutlichung das folgende Beispiel an:

```
\begin{enumerate} %Einleitung der 1. Ebene
\item Das ist die höchste Ebene.
```

```
\begin{enumerate\ %Einleitung der 2. Ebene
\item Diese Ebene wird mit einem kleinen Buchstaben
gekennzeichnet.
\item Dieser Buchstabe steht in Klammern.
\begin{enumerate} %Einleitung der 3. Ebene
\item Die dritte Ebene wird mit kleinen römischen Buchstaben
numeriert.
\begin{enumerate} %Einleitung der 4. Ebene
\item Die vierte Ebene wird durch lateinische Großbuchstaben
bezeichnet.
\end{enumerate} %Ende der 4. Ebene
\end{enumerate} %Ende der 3. Ebene
\end{enumerate} %Ende der 2. Ebene
\end{enumerate} %Ende der 1. Ebene
```

Daraus wird durch LaTeX 2_ε folgende Aufzählung erzeugt:

---

1. Das ist die höchste Ebene.

   (a) Diese Ebene wird mit einem kleinen Buchstaben gekennzeichnet.

   (b) Dieser Buchstabe steht in Klammern.

      i. Die dritte Ebene wird mit kleinen römischen Buchstaben numeriert.

         A. Die vierte Ebene wird durch lateinische Großbuchstaben bezeichnet.

Bei verschachtelten Aufzählungen müssen Sie allerdings sehr genau aufpassen, daß Sie nicht den Überblick verlieren, was zu welcher Ebene gehört. Kontrollieren Sie, ob jede eingeleitete Umgebung auch wieder beendet wird.

Ein weiterer durch LaTeX 2_ε unterstützter Aufzählungstyp ist eine Aufzählung, bei der die einzelnen Einträge durch bestimmte Zeichen eingeleitet werden. Diese Art der Aufzählung wird in einer Umgebung mit der Bezeichnung `itemize` erzeugt. Ansonsten erfolgt die Gestaltung einer solchen Aufzählung analog zur numerierten Aufzählung, wie Sie am folgenden Beispiel sehen können:

```
\begin{itemize}
\item Bei dieser Art der Aufzählung werden Symbole zur
Kennzeichnung der Einträge verwendet.
\item Auch diese Aufzählungsart kann verschachtelt sein.
\end{itemize}
```

Die fertige Aufzählung sieht dann so aus:

- Bei dieser Art der Aufzählung werden Symbole zur Kennzeichnung der Einträge verwendet.

- Auch diese Aufzählungsart kann verschachtelt sein.

Für diesen Aufzählungstyp gibt es ebenfalls vier Verschachtelungsebenen, die durch unterschiedliche Symbole gekennzeichnet werden. Die beiden beschriebenen Aufzählungstypen können auch in einer Aufzählung gemeinsam verwendet werden. Eine solche Aufzählung sollen Sie in der folgenden Aufgabe erzeugen. Dabei müssen Sie nicht nur beachten. daß jede eingeleitete Aufzählungsart auch wieder beendet wird, sondern auch jede Verschachtelungsebene muß wieder ein Ende haben. Es ist sehr hilfreich und der Übersichtlichkeit sehr zuträglich, wenn die Befehle zum Ein- und Ausleiten der Aufzählungsarten und der Ebenen beim Schreiben durch die Eingabe von Leerzeichen oder Tabulatoren eingerückt werden.

Aufgabe 2.6: Erzeugen Sie folgende Aufzählung:

- Vorteile bei der Arbeit mit Aufzählungen mit LaTeX 2_ε sind:

  1. Die Verwaltung der Nummern und Symbole erfolgt automatisch.

  2. Das Einziehen der einzelnen Ebenen erfolgt automatisch.

- Nachteile bei der Arbeit mit Aufzählungen mit LaTeX 2_ε sind:

  1. Bei kompliziert strukturierten Aufzählungen kann bei vielen Ebenen schnell die Übersichtlichkeit verlorengehen.

  2. Wie bei der gesamten Arbeit mit LaTeX 2_ε kann das Ergebnis erst nach der Bearbeitung durch LaTeX 2_ε betrachtet werden.

Die dritte durch LaTeX 2_ε unterstützte Aufzählungsart ist die sogenannte *description*. Es handelt sich dabei um eine Aufzählung der folgenden Form:

Machert, Torsten *Theorie und Praxis fotorealistischer Computergrafiken,*
 Vieweg, 1996

Diese Aufzählungsart wird innerhalb einer Umgebung erzeugt, die durch die Befehle

```
\begin {description} und \end{description}
```

gebildet wird. Die einzelnen Einträge haben die Form

```
\item[Begriff] Beschreibung
```

Begriff leitet den Eintrag ein und wird in fetter Schrift gedruckt. Bei dem oben gezeigten Beispiel wäre es der Name des Autors. *Beschreibung* ist der eigentliche Text des Eintrags. Die hier beschriebene Aufzählungsart eignet sich hervorragend für jegliche Art von beschreibenden Aufzählungen, wie z.B. einem kleinen Glossar.

Die in diesem Abschnitt beschriebenen Aufzählungen können mit LaTeX 2_ε weiter manipuliert werden. Das betrifft die Stärke der Einzüge, die Abstände zwischen den einzelnen Einträgen, die Abstände zwischen Fließtext und Aufzählung usw. Auf eine umfassende Darstellung dieser Möglichkeiten soll im Rahmen dieses Buches verzichtet werden, da es dem Ziel des Buches, der Unterstützung bei der Erstellung wissenschaftlicher Publikationen, nicht näher kommt.

Im Rahmen wissenschaftlicher Publikationen kommt allerdings einem anderen durch LaTeX 2ε unterstützen Aufzählungstyp eine größere Bedeutung zu. Es handelt sich um einen Aufzählungstyp für die strukturierte Darstellung von Axiomen, Definitionen oder Regeln. Allerdings muß für jeden dieser Typen zunächst eine Struktur definiert werden. Das geschieht durch den Befehl:

```
\newtheorem{bezeichnung}{begriff}[ergänzung]
```

Um die Wirkung dieses Befehls anschaulich zu machen, wollen wir uns die Aufgabe stellen, eine Aufzählungsstruktur für die Darstellung von Definitionen zu erzeugen. Im Ergebnis soll eine Struktur erzeugt werden, mit der Definitionen, wie im folgenden gezeigt, verwaltet werden können.

Definition 1 (Geviert). Geviert *ist die Größe* ...

Der dazu notwendige Befehl lautet

```
\newtheorem
```

Ihm folgt in geschweiften Klammern eine durch uns gegebene, intern durch LaTeX 2ε verwendete Bezeichnung, z.B. *definition*. In den folgenden geschweiften Klammern folgt die Bezeichnung, die später im Text verwendet wird. Ich habe oben *Definition* verwendet. Dieser Begriff ist, wie Sie sehen, fett gedruckt. Die Numerierung erfolgt automatisch durch LaTeX 2ε. *ergänzung* kann ein beschreibender Text sein. Ich habe oben *Geviert* verwendet. Dieser Text erscheint nach der Bearbeitung durch LaTeX 2ε fett gedruckt in runden Klammern (wie oben zu sehen). Danach kann dann der eigentliche Definitionstext folgen. Das oben gezeigt Beispiel ist durch folgende Eingabe entstanden:

```
\newtheorem{definition}{Definition}
\begin{definition}[Geviert] \emph{Geviert} ist die
Größe \ldots
\end{definition}
```

Ein interessanter Effekt kann erzielt werden, wenn man für *ergänzung* keinen freien Text, sondern die Bezeichnung einer durch LaTeX 2ε in der aktuellen Dokumentenklasse verwendeten Gliederungsebene verwendet. *ergänzung* darf dann allerdings nur in der eigentlichen Definition der Struktur, also im Befehl \newtheorem auftauchen. Dann wird der durch LaTeX 2ε ohnehin erzeugten Numerierung die Nummer der aktuellen Gliederungsebene vorangestellt. Damit ist beispielsweise ein kapitelweises Durchnumerieren von Definitionen möglich. Wenn wir die oben gezeigte Definition wie folgt ändern:

```
\newtheorem{definition}{Definition}[chapter]
\begin{definition} \emph{Geviert} ist die Größe \ldots
\end{definition}
```

erhalten wir:

Definition 2.1. Geviert *ist die Größe* ...

Kapitel 3

Alles über Zeichen

In diesem Kapitel erfahren Sie alles über den Umgang mit Zeichen. Sie werden kennenlernen, welche Besonderheiten es bei der Eingabe von Zeichen gibt, wenn Sie mit LaTeX 2_ε arbeiten. Sie erwerben das nötige Wissen, um nicht nur die üblichen Zeichen des Alphabets, sondern auch Sonderzeichen einzugeben, die nicht so ohne weiteres über die Tastatur zugänglich sind. Darüber hinaus zeige ich Ihnen am Schluß dieses Kapitels, wie sie fremdsprachige Texte mit LaTeX 2_ε verarbeiten können.

3.1 Die Texteingabe

Die Tatsache, daß in diesem Buch ein Abschnitt zur Texteingabe vorhanden ist, deutet schon daraufhin, daß es ein paar Besonderheiten im Vergleich zu den Ihnen bekannten Textverarbeitungssystemen geben muß, die nunmehr dargestellt werden sollen.

Grundsätzlich geben Sie Ihre Texte so ein, wie Sie es gewohnt sind. Im Gegensatz zu Textverarbeitungs- oder DTP-Programmen werden sogenannte harte Zeilenumbrüche, also Umbrüche am Ende einer Zeile durch das Betätigen der Return-Taste, – wie im Kapitel 2 dargestellt – durch TeX oder LaTeX 2_ε beim Setzen des Dokumentes nicht berücksichtigt. Theoretisch könnten Sie alle Wörter eines Textes untereinander schreiben. Im fertigen Dokument wären sie dann alle wieder in einem Absatz. Auch wenn Sie schreiben:

```
Alles
steht
nebeneinander.
```

so ergibt es dennoch in jedem Fall: Alles steht nebeneinander.

Für das Aussehen des endgültigen Dokumentes ist es gleichfalls völlig unerheblich, wieviele Leerzeichen zwischen zwei Wörtern stehen. Sie werden beim Setzen des

Textes ignoriert.

3.1.1 LaTeX 2$_\varepsilon$-Zeichensätze

LaTeX 2$_\varepsilon$ verwendet standardmäßig Zeichensätze, die noch vom TeX-„Vater" Donald Knuth, stammen. Diese Zeichensätze bestehen aus 128 Zeichen. Im Gegensatz zum ASCII- oder ANSI-Zeichensatz sind alle Zeichen dieses Zeichensatzes druckbare Zeichen.

Ein Nachteil dieses Zeichensatzes ist, daß er für den englischsprachigen Raum ausgelegt ist und demzufolge Sonderzeichen, die andere Sprachen benötigen nicht enthält. Sie müssen aus den in diesem Zeichensatz vorhandenen Zeichen gebildet werden. Die deutschen Umlaute entstehen so z.B. dadurch, daß die Pünktchen über die Vokale a, o oder u geschoben werden.

Mittlerweile hat die weltweite LaTeX 2$_\varepsilon$-Gemeinde dieses Problem behoben und einen Zeichensatz beschlossen, der aus 256 Zeichen besteht und die Sonderzeichen für viele europäische Sprachen enthält. Um diesen Zeichensatz in LaTeX 2$_\varepsilon$ nutzen zu können, muß ein Paket in das Dokument geladen werden, daß ihn zur Verfügung stellt. In der Präambel Ihres Dokuments muß folgender Befehl stehen:

```
\usepackage[T1]{fontenc}
```

Eine Aufstellung aller Zeichen dieses Zeichensatzes finden Sie auf der Seite 217.

3.1.2 Verbotene Zeichen

Obgleich die Überschrift ziemlich dramatisch klingt, ist die Sache mit den „verbotenen" Zeichen nicht ganz so schlimm. Es gibt ein paar wenige Zeichen, die in TeX- oder LaTeX 2$_\varepsilon$- Dokumenten nicht verwendet werden können, weil sie Teil der Befehlssyntax sind. Folgende Zeichen können als solche nur verwendet werden, wenn ihnen das Zeichen \ vorangestellt wird:

```
% $ # & _ { }
```

Wollen Sie also beispielsweise in Ihrem Dokument den Ausdruck *100%* verwenden, so ist das nur möglich, wenn Sie sich folgender Schreibweise bedienen: 100\%. Ohne den Backslash – so wird dieses Zeichen in der Datenverarbeitung genannt – wird das Prozentzeichen in LaTeX 2$_\varepsilon$-Dokumenten verwendet, um einen Kommentar einzuleiten. Alles, was zwischen einem Prozentzeichen und dem Ende einer Zeile steht, wird durch TeX beim Setzen des Dokuments ignoriert. Leider verfügt LaTeX 2$_\varepsilon$ nicht über die Möglichkeit, mehrere Zeilen gleichzeitig „auszukommentieren". Wollen Sie einen ganzen Absatz unberücksichtigt lassen, kommen Sie leider nicht umhin, vor jede Zeile ein Prozentzeichen zu setzen. Die Bedeutung der übrigen „verbotenen" Zeichen werden Sie im weiteren Verlauf des Buches kennenlernen.

Tastenkombination	entstehendes Zeichen
"a	ä
"u	ü
"o	ö
"s	ß
"A	Ä
"U	Ü
"O	Ö

Tabelle 3.2: Direkte Eingabe deutscher Sonderzeichen

3.1.3 Deutsche Sonderzeichen

Um mit LaTeX 2_ε Dokumente erzeugen zu können, die in einer anderen als der englischen Sprache verfaßt sind, bedarf es einiger Tricks, um die in anderen Sprachen vorhandenen Sonderzeichen nutzen zu können. Standardmäßig ist LaTeX 2_ε auf den englischsprachigen Raum ausgerichtet. Will man Texte produzieren, die Zeichen enthalten, die nicht zum Zeichenvorrat der englischen Sprache gehören, muß man zusammen mit LaTeX 2_ε sogenannte Style-Dateien verwenden, die eine Anpassung an eine bestimmte Sprache ermöglichen. So ist zum Beispiel zum Erzeugen von deutschsprachigen Texten die Datei german.sty nötig. Sie stellt die Werkzeuge bereit, die auch die Verwendung der deutschen Umlaute und des *ß* ermöglichen.

Um diese Datei verwenden zu können, muß sie in der Präambel des Textes mit der Anweisung

```
\usepackage{german}
```

geladen werden. Während frühere Versionen praktisch nicht erlaubten, deutsche und andere sprachenspezifische Sonderzeichen zu verwenden bzw. direkt über die Tastatur einzugeben, gibt es heute für viele Sprachen Anpassungen, so daß dieses Manko behoben ist. Auch für die deutsche Sprache gibt es eine solche Anpassung. Während nach der „reinen" Lehre die Umlaute über eine Tastenkombination erzeugt werden müssen, können nach einer gewissen Anpassung von TeX und LaTeX 2_ε die Umlaute auch direkt über die Tastatur eingeben werden. Ein solches Vorgehen ist aber nur dann zu empfehlen, wenn die erzeugten Texte nicht an andere Interessenten weitergegeben werden sollen oder müssen. Dort können mit solchen Anpassungen versehene Text nur dann fehlerfrei weiterverarbeitet werden, wenn die Datei, die die nötigen Anpassungen definiert, auch dort vorhanden ist. Wollen Sie also Ihre Texte auch anderen Personen zur Verfügung stellen, sollten Sie für die Eingabe der deutschen Umlaute und des *ß* die in der Style-Datei german.sty definierten Tastenkombinationen verwenden, die Sie der Tabelle 3.2 entnehmen können. Ein solches Vorgehen ist umständlich und am Anfang auch von vielen Tippfehlern begleitet, weil diese Art der Zeicheneingabe zunächst gewöhnungsbedürftig ist. Auch das Lesen eines solchen Textes ist nicht einfach.

Sind Ihre Texte bzw. Ihre wissenschaftliche Arbeit nicht dazu gedacht, durch andere Personen auf anderen Rechnern weiterbearbeitet zu werden, können Sie auch eine Anpassung verwenden, die es Ihnen ermöglicht, die deutschen Umlaute und das ß direkt zu verwenden. Eine solche Anpassung wird durch *Norbert Schwarz* in seinem Buch gezeigt. Ich habe diesen Vorschlag geringfügig modifiziert, d.h. an die EC-Fonts angepaßt und möchte Ihnen diese Anpassung vorstellen. Sie sollten Sie abtippen und als eigenständige Datei unter der Bezeichnung `umlaute.sty` in einem Verzeichnis speichern, in dem sich die anderen Style-Dateien befinden. Um die Anpassung in Ihren Dokumenten und zunächst im Rahmen unserer Übungen verwenden zu können, müssen Sie sie mit dem folgenden Befehl in die Präambel Ihres Dokuments einbinden:

```
\usepackage{umlaute}
```

Die Datei *umlaute.sty* hat folgenden Inhalt:

```
\catcode'\ä = \active
\catcode'\ü = \active
\catcode'\ö = \active
\catcode'\Ä = \active
\catcode'\Ö = \active
\catcode'\Ü = \active
\catcode'\ß = \active
\defä{\symbol{228}}
\defü{\symbol{252}}
\defö{\symbol{246}}
\defÄ{\symbol{196}}
\defÜ{\symbol{220}}
\defÖ{\symbol{214}}
\defß{\symbol{255}}
```

Damit sind Sie in der Lage, die so definierten Zeichen direkt über die Tastatur in Ihren Text einzugeben. Wollen Sie einen so erstellten Text allerdings weitergeben, müssen Sie auch diese Definition mitgeben.

Mit der beschriebenen Methode können Sie nunmehr wie gewohnt Ihre Texte schreiben. Das Verfahren funktioniert jedoch an einer Stelle nicht! In Überschriftentexten, die als lebende Kolumnentitel in der Kopfzeile auftauchen (also in chapter und section), müssen Sie für die Umlaute und das ß die der Tabelle 3.2 gezeigte Kodierung verwenden, wenn die Texte so wie in diesem Buch in der Kopfzeile in kursiven Großbuchstaben gesetzt werden sollen.

3.1.4 Anführungszeichen und Bindestriche

Da die in üblichen Textverarbeitungsprogrammen verwendeten Anführungszeichen " ein Zeichen sind, mit dem LaTeX 2_ε-Befehle eingeleitet werden, können sie es nicht als normales Zeichen verwenden. Das ist aber auch gut so, denn typographisch korrekt sind diese Zeichen zumindestens für die deutsche Sprache nicht. In der deutschsprachigen Literatur finden wir als Einleitung einer direkten Rede Anführungszeichen unten und zum Beenden der direkten Rede die Anführungszeichen oben.

„Dieser Satz zeigt die korrekte Verwendung der Anführungszeichen." Diese Zeichen, die auch als „Gänsefüßchen" bezeichnet werden, werden durch die Tastenkombination

```
\glqq
```

für die Anführungszeichen unten bzw. durch

```
\grqq
```

für die Anführungszeichen oben erzeugt. Ein weitere Möglichkeit zur Erzeugung der Anführungszeichen besteht in der Verwendung der Tastenkombinationen

```
"< bzw. ">
```

In der schöngeistigen Literatur findet man nicht selten die Anführungszeichen « und ». Diese auch häufig als „französische Anführungszeichen" bezeichneten Zeichen werden durch die Befehle

```
"( bzw. ")
```

oder

```
\flqq bzw. \frqq
```

erzeugt. Die einfachen Anführungszeichen entstehen durch die Befehle

```
\glq und \grq
```

bzw.

```
\flq und \frq
```

Besonderer Betrachtung bedürfen die Binde- und Gedankenstriche. Sie werden in Ihrer bisherigen Schreibpraxis als Binde- und Gedankenstrich sowie als Minuszeichen immer nur das Zeichen verwenden haben, daß sich auf der deutschen Tastatur links neben der rechten Umschalttaste befindet. Bei Texten, bei denen es weniger auf typographische Genauigkeit ankommt, mag dieses Vorgehen akzeptabel sein. Da Sie aber LaTeX 2$_\varepsilon$ unter anderem deshalb verwenden, um Ihre Arbeit auch korrekt zu setzen, sollten Sie berücksichtigen, daß man in der Typographie unterschiedliche Zeichen als Binde- und Gedankenstrich sowie als Minuszeichen einsetzt. Diese Zeichen unterscheiden sich in ihrer Länge. Das kürzeste Zeichen ist der Bindestrich „-". Das längste Zeichen ist der in Deutschland allerdings nicht übliche Gedankenstrich

Bedeutung	Befehl	entstehendes Zeichen
Trennstrich	-	-
Gedankenstrich	--	–
Gedankenstrich	----	—

Tabelle 3.4: Binde- und Gedankenstriche

„—". Dazwischen liegt das Zeichen, das üblicherweise in von-bis-Angaben sowie als Gedankenstrich verwendet wird „–". Wie die genannten Zeichen erzeugt werden, entnehmen Sie bitte der Tabelle 3.4.

Um beim Setzen Ihrer Arbeit konsequent typographisch korrekt zu sein, sollten Sie sich angewöhnen, die Zeichen so wie erläutert zu verwenden.

Zur Vertiefung des bisher vermittelten Wissens wollen wir eine weitere Übung durchführen.

Aufgabe 3.1: Schreiben Sie folgenden Text zwischen \begin{document} und \end{document}.

> ä, ö, ü, „deutsche Anführungszeichen", «französische Anführungszeichen», Kfz-Versicherung, die Strecke Berlin – Wiesbaden, das Problem ist — so wie es allgemein bekannt ist — teilweise lösbar.

3.1.5 Sonderzeichen, Symbole, Akzente

Durch die oben erläuterte Anpassung haben wir sichergestellt, daß wir beim Schreiben des Textes Umlaute und das ß direkt über die Tastatur eingeben können. Darüber hinaus gibt es eine ganze Reihe von Zeichen, die über die Tastatur nicht eingegeben werden können. Das ist allerdings auch ein Problem, das Sie aus Ihrer bisherigen Praxis mit Textverarbeitungsprogrammen kennen. Wenn Sie unter MS-Windows arbeiten, können Sie auf diese Zeichen über die Zeichensatztabelle zugreifen und in Ihre Texte einbinden. In *Word für Windows* haben Sie über die Befehle Einfügen Sonderzeichen die Möglichkeit, solche Zeichen in Ihr Dokument zu übernehmen. Wenn Sie den sogenannten ANSI-Kode des gewünschten Zeichens kennen, können Sie es durch die Tastenkombination Alt-Kode erzeugen.

In LaTeX 2_ε werden Zeichensätze verwendet, deren Kode sich vom Kode des ASCII- oder ANSI-Zeichensatzes unterscheidet, der zum Teil auch nicht druckbare Zeichen enthält. Einige dieser Zeichen stehen auf der Tastatur eines PC zur Verfügung und können direkt eingegeben werden. Andere Zeichen müssen auf anderen Wegen in ein Dokument eingefügt werden. Ähnlich ist die Situation bei der Arbeit mit LaTeX 2_ε.

LaTeX 2_ε verfügt über verschiedene Methoden, Sonderzeichen darzustellen, die nicht direkt über die Tastatur eingegeben werden können. Die allgemeinste Form zur Erzeugung von Sonderzeichen besteht in der Verwendung des Befehls

> `\symbol{`*`Kode`*`}`

Kode definiert dabei die Position des gewünschten Zeichens innerhalb des verwendeten Zeichensatzes. Das klingt komplizierter als es ist! Nehmen wir an, wir wollen in der aktuell verwendetem Roman-Schrift das Zeichen Œ erzeugen. Um den Kode dieses Zeichens zu erfahren, müssen wir in der Tabelle mit den Kodes des Roman-Zeichensatzes nachsehen (Im Anhang D auf der Seite 217). Dort finden wir für das gesuchte Zeichen den Kode 30. Innerhalb unseres Textes muß also zum Erzeugen des Zeichens Œ die Befehlsfolge `\symbol{215}` erscheinen. Mit dem Befehl `\symbol{\emph{Kode}}` haben Sie Zugriff auf *jedes* Zeichen des Zeichensatzes. Theoretisch könnten Sie sogar Ihre ganze Arbeit so schreiben.

Für einige häufiger benutzte Zeichen stellt LaTeX 2ε Befehle bereit, die eine Eingabe der Zeichen ermöglichen, ohne den Kode des Zeichens zu kennen. Die Struktur dieser Befehle orientiert sich am tatsächlichen Aussehen des zu erzeugenden Zeichens und läßt sich deshalb leicht merken. So wird das oben beschriebene Zeichen, das wir auch im Deutschen finden – beispielsweise im Wort Œuvre – durch den Befehl `{\OE}` erzeugt. Das Wort „Œuvre" sieht in der Schreibweise von LaTeX 2ε dann so aus: `{\OE}uvre`. Eine vollständige Aufstellung aller Befehle zur Erzeugung von Sonderzeichen finden Sie im Anhang D. Dort finden Sie auch viele Zeichen, die nur für die Verwendung in mathematischen Formeln[1] vorgesehen sind. Um Sie innerhalb des Fließtextes verwenden zu können[2] muß vor und nach diesen Symbolen ein Dollarzeichen stehen! Der Ausdruck $3 \neq 4$ entsteht also beispielsweise durch `$3\not=4$`.

Zeichen mit Akzenten können nicht direkt über die Tastatur eingegeben werden. Sie werden durch Befehle erzeugt, die jedoch dank ihrer logischen Struktur einfach zu merken und und zu reproduzieren sind. Eine Aufstellung aller möglichen Akzente finden Sie auf der Seite 217 im Kapitel D.9 im Anhang D.

Aufgabe 3.2: Schreiben Sie den folgenden Text. Um die Befehle zum Erzeugen Ihnen noch unbekannter Zeichen zu erfahren, schlagen Sie bitte im Anhang D nach.

> „Ist Ihnen das Œuvre des Meisters bekannt?", fragte er zweifelnd. „Natürlich", antwortete er schlagfertig und dachte: ‚Ich habe es doch auf der Insel Rømø gehört.'. Die Maßeinheit des elektrischen Widerstands ist Ohm (Ω).

3.2 Zeichenformatierung

Aus Ihrer bisherigen Schreibpraxis am Computer wissen Sie, daß ein Zeichen durch verschiedene Attribute – man spricht vom Zeichenformat – gekennzeichnet ist. Die beiden augenfälligsten Attribute eines Zeichens sind die Schriftart und die Schriftgröße (auch `Schriftgrad` genannt). Darüber hinaus kann ein Zeichen fett, kursiv,

---

[1] Man spricht auch vom mathematischen Modus von LaTeX 2ε.
[2] Man spricht auch vom Textmodus von LaTeX 2ε.

Befehl	Bezeichnung
\textrm	Roman
\textbf	**Bold Face**
\texttt	Typewriter
\textit	*Italic*
\textsl	*Slanted*
\textsc	SMALL CAPS
\textsf	Sans Serif

Tabelle 3.6: Befehle zum Fontwechsel

unterstrichen usw. dargestellt werden. Die Vielfalt der möglichen Attributkombinationen verführt viele Anwender moderner Textverarbeitungsprogramme dazu, in einem Text möglichst viele Schriftarten und Schriftattribute vorzuführen. Den wenigsten wird deutlich, wie sehr sie ihre Texte dadurch verunstalten.

Obgleich Sie auch in LaTeX 2$_\varepsilon$ die Möglichkeit haben, mit den verschiedensten Zeichenattributen umzugehen, bleiben Sie dennoch in Ihrem Entscheidungsspielraum eingeschränkt. Und das aus gutem Grund! Die Auswahl bestimmter Textattribute soll sich nicht vorrangig am Geschmack des Schreibers, sondern an der logischen Struktur des Textes orientieren.

3.2.1 Wechsel der Schriftart

Standardmäßig werden alle Texte durch LaTeX 2$_\varepsilon$ bzw. TeX in einer Roman-Schrift gesetzt. Die verwendete Schriftgröße wird durch LaTeX 2$_\varepsilon$ in Abhängigkeit vom Dokumententyp und der Papiergröße automatisch gewählt. Um den Regeln einer guten Typographie zu folgen, sollten Sie diese Vorgaben verwenden. Die Dokumentenklasse book.cls operiert standardmäßig mit einer Schriftgröße von 12 pt für den Fließtext, da dieser Schriftgrad an unseren Hochschulen und Universitäten als Standard für Arbeiten im Format DIN A4 gilt. Für bestimmte Zwecke ist es mitunter jedoch einfach unumgänglich, eine andere Schriftart zu verwenden (beispielsweise um das Listings eines Computerprogramms abzudrucken). Ein Wechsel der Schriftart innerhalb eines Dokuments wird durch LaTeX 2$_\varepsilon$ unterstützt. Wie bereits angedeutet, orientiert sich LaTeX 2$_\varepsilon$ dabei an typographischen Regel. Ein Wechsel der Schriftart erfolgt durch die in der Tabelle 3.6 dargestellten Befehle.

In der Spalte *Bezeichnung* sehen Sie dem Namen der Schriftart auch, wie die durch den eingestellten Befehl eingestellte Schriftart aussieht. Die Schriftart *Roman* ist die Schrift, die standardmäßig für den Fließtext eines Dokumentes verwendet wird. Die Schriftart *Bold Face* ist für den Fettdruck der Schrift *Roman* verantwortlich. *Typewriter* eignet sich besonders zum Abdrucken der Listings von Computerprogrammen. Diese Schrift gehört zur Familie der nichtproportionalen Schriften. Das bedeutet, daß jedes Zeichen unabhängig von seiner Breite gleich viel Platz beansprucht. *Italic* ist eine kursive Schrift. *Slanted* ähnelt *Italic*. Bei *Slanted* wird die

Ausgangsschrift allerdings nur geneigt und nicht gleichzeitig „abgerundet". *Small Caps* ist eine Schrift, die auch als *Kapitälchen* bezeichnet wird. Bei ihr werden die Kleinbuchstaben eines Wortes in kleine Großbuchstaben umgewandelt. Die Schriftart *Sans Serif* ist schließlich eine Schriftart, bei der, wie die Bezeichnung schon ausdrückt, die Serifen[3] fehlen.

Für Hervorhebungen innerhalb des Fließtextes stellt LaTeX 2ε den Befehl

```
\emph
```

bereit. Mit ihm wird zwischen der kursiven und der „normalen" Darstellung des aktuellen Zeichensatzes umgeschaltet.

Die Befehle werden so verwendet, daß zunächst das Befehlswort (zusammen mit dem Backslash!) geschrieben wird. Ihm folgt der zu manipulierende Text in geschweiften Klammern. Der Befehl `\textbf{Jetzt wird alles fett!}` erzeugt also: **Jetzt wird alles fett!**.

Die in diesem Abschnitt vorgestellten Befehle für das Umschalten auf eine andere Schriftart sollten Sie allerdings mit Bedacht einsetzen. Der Wechsel auf eine andere Schriftart sollte nicht nach ästhetischen Gesichtspunkten sondern einzig und allein zum Hervorheben von bestimmten Textstrukturen verwendet werden.

Aufgabe 3.3: Erzeugen Sie den folgenden Text und üben Sie dabei den Wechsel zwischen den verschiedenen unterstützten Schriftarten:

> Die Verwendung **mehrerer** *Schriftarten* in einem Dokument führt nicht *immer* zu einem ansprechenden Ergebnis.

3.2.2 Wechsel der Schriftgröße

Grundsätzlich übernimmt LaTeX 2ε die Auswahl der in einem Dokument verwendeten Schriftgrößen und achtet dabei auf ein angemessenes Größenverhältnis zwischen den unterschiedlichen Ebenen des Textes. Das bedeutet, daß die Größe aller Überschriften zunächst einmal im korrekten Verhältnis zur Größe des Fließtextes steht. Die für die Darstellung der einzelnen Überschriftenebenen verwendeten Schriftgrößen korrespondieren gleichfalls gut miteinander und entsprechen der Stellung innerhalb der Gliederungshierarchie. Falls Sie es dennoch unbedingt wünschen, eine andere als die durch LaTeX 2ε vorgegebene Schriftgröße zu verwenden, so können Sie das nicht – wie in Textverarbeitungsprogrammen üblich – durch die Festlegung der Schriftgröße in Punkt tun. LaTeX 2ε unterstützt ein Verfahren, bei dem unterschiedliche Schriftgrößen ausgehend von der Standardschriftgröße verwendet werden. Bei diesem Verfahren läßt sich nicht sagen, wie groß die einzelnen Schriften in Punkt sind. Es läßt sich lediglich sagen, wie groß oder wie klein die Schrift in Bezug auf den als Normalgröße festgelegten Wert ist[4]. Eine Aufstellung aller LaTeX 2ε-Befehle zum Umschalten auf eine andere Schriftgröße finden Sie in

---

[3] Serifen sind die kleinen waagerichten Linien an den Buchstaben der Roman-Schriftart
[4] Wie das gemacht wird, erfahren Sie im Kapitel 1.

Befehl	*Wirkung*
`\tiny`	ganz kleine Schrift
`\scriptsize`	etwas größere Schrift
`\footnotesize`	für Fußnoten geeignet
`\small`	kleine Schrift
`\normalsize`	Schrift des Fließtextes
`\large`	größere Schrift
`\Large`	größere Schrift
`\LARGE`	noch größere Schrift
`\huge`	ganz große Schrift
`\Huge`	riesige Schrift

Tabelle 3.8: Befehle zum Umschalten auf eine andere Schriftgröße

der Tabelle 3.8. Die Verwendung der Befehle zum Manipulieren der Schriftgröße üben Sie in der folgenden Aufgabe.

Aufgabe 3.4: In dieser Aufgabe sollen Sie die Verwendung unterschiedlicher Schriftgrößen üben. Durch den Einsatz der oben beschriebenen Befehle erzeugen Sie in dieser Übung eine Buchstabentreppe.

ABCDEFGHIJ

3.3 Abstände zwischen den Zeichen

Ich habe mehrmals daraufhingewiesen, und Sie haben es selbst bemerkt, daß es für LaTeX 2ε völlig unerheblich ist, wieviele Leerzeichen Sie zwischen zwei Wörter setzen. Im ausgedruckten Dokument wird der Abstand so aussehen, als betrüge er nur ein Leerzeichen. Tatsächlich variiert jedoch dieser Abstand, um eine optimale Verteilung aller Wörter und Zeichen auf der Zeile zu erreichen.

Einen aus gestalterischen Gründen notwendigen größeren Abstand zwischen Zeichen und Wörtern können wir also weder durch zusätzliche Leerzeichen noch durch das Einfügen von Tabulatorzeichen erreichen. Für diese Zwecke hält LaTeX 2ε jedoch eine Reihe von Befehlen bereit, die im folgenden Abschnitt erläutert werden sollen.

Der kleinste, manuell einfügbare Zwischenraum zwischen zwei Zeichen wird durch den Befehl

```
\,
```

erzeugt. Er wird in erster Linie zwischen den Anführungszeichen nach dem Abschluß einer direkten Rede und dem folgenden Text verwendet.

Durch einen Backslash, gefolgt von einem Leerzeichen, wird ein „normaler" Wortabstand erzeugt. Dieser Befehl muß nur nach einigen wenigen Symbolen verwendet werden, die standardmäßig nicht mit einem Leerzeichen abschließen. Dazu gehören die beiden Befehle zum Erzeugen der Symbole TeX und LaTeX 2_ε — \TeX und \LaTeXe. Wenn zwischen diese Symbole und dem folgenden Wort ein Leerzeichen gesetzt werden soll, muß der Befehl so aussehen:

```
\TeX\ bzw. \LaTeXe\
```

Die gleiche Wirkung hat übrigens der Befehl

```
\{}
```

Ähnlich einem Tabulatorzeichen[5] können mit dem Befehl

```
\hspace{Wert}
```

horizontale Abstände mit einer genau definierten Dimension erzeugt werden. *Wert* ist ein Dezimalwert mit einer in LaTeX 2_ε möglichen Maßeinheit. Der Befehl \hspace{3cm} erzeugt besipielsweise einen horizontalen Abstand von 3 cm. Dieser Befehl existiert in einer modifizierten Form, die folgendermaßen aussieht:

```
\hspace*{Wert}
```

Der Befehl mit dem Stern gestattet, bei Bedarf innerhalb des definierten Zwischenraums einen Zeilenumbruch durchzuführen. Die Variante ohne den Stern verhindert das. Läßt sich bei der Variante ohne den Stern ein Zeilenumbruch nicht vermeiden, so wird durch LaTeX 2_ε der gesamte Zwischenraum auf die nächste Zeile gesetzt.

Eine Erweiterung der Befehls \hspace{Wert} ist der Befehl

```
\hfill
```

Er dient dazu, an der Stelle seines Auftretens so viel Zwischenraum zu schaffen, daß der links und rechts von ihm stehende Text links- bzw. rechtsbündig ausgerichtet wird. Der Befehl

```
linksbündig \hfill rechtsbündig
```

führt also zu folgendem Ergebnis:

linksbündig	rechtsbündig

---

[5] Obgleich es möglich ist, werde ich Ihnen in diesem Buch *nicht* zeigen, wie Tabulatoren gesetzt werden. In modernen Textverarbeitungssystemen werden sie zwar noch als Relikt aus den Zeiten der Schreibmaschine gepflegt, tatsächlich aber sind sie bis auf eine Ausnahme so unnütz wie ein Kropf, die die Texteingabe erschweren und das Editieren eines mit Tabulatorzeichen „geschmückten" Textes zu einer Strafarbeit werden lassen. Also: Hände weg von den Tabulatoren!

Wenn nun ein einer Zeile mehrere solcher durch \hfill-Befehle getrennten Text-abschnitte stehen, werden sie alle gleichmäßig über die Zeile verteilt. Der Befehl:

```
linksbündig \hfill zentriert \hfill rechtsbündig
```

führt demnach zu folgendem Ergebnis:

linksbündig	zentriert	rechtsbündig

Durch zwei Varianten des Befehls hfill kann der zwischen den Wörtern oder Zei-chen entstehende Zwischenraum mit Punkten oder Strichen gefüllt werden. Durch den Befehl

```
\dotfill
```

werden Punkte und durch den Befehl

```
\hrulefill
```

Striche zum Auffüllen des Leerraums verwendet. Betrachten Sie zur Veranschauli-chung das folgende Beispiel:

```
linksbündig \dotfill zentriert \hrulefill rechtsbündig
```

ergibt:

linksbündig ....zentriert ________________rechtsbündig

Bevor Sie in der nächsten Aufgabe erneut Gelegenheit erhalten, das eben vermittelte Wissen anzuwenden, soll noch eine letzte Möglichkeit gezeigt werden, horizontale Zwischenräume zu erzeugen. Es handelt sich dabei um den Befehl

```
\quad
```

mit dem ein Zwischenraum erzeugt wird, der der Höhe des aktuellen Zeichensatzes entspricht. In einem Absatz, wie dem den Sie gerade lesen, der mit einer 10pt-Schrift gesetzt ist, entspricht der Zwischenraum also 10pt. Diesen Zwischenraum können Sie verdoppeln, indem Sie zwei dieser Befehle hintereinander schreiben bzw. durch den Befehl

```
\qquad
```

Aufgabe 3.5: Schreiben und formatieren Sie den folgenden Text:

Bei einer großen Schrift ist der durch den *quad*-Befehl erzeugte Zwischenraum größer als bei einer kleinen Schrift. Der Abstand zwischen den Buchstaben a b beträgt genau 3 cm.

3.4 Sonstiges zur Zeichenformatierung

3.4.1 Verhindern des Umbruchs zwischen Wörtern

Dadurch, daß LaTeX 2$_\varepsilon$ nach internen Regeln die Abstände zwischen den einzelnen Wörtern einer Zeile bestimmt und nach diesen Regeln einen Zeilenumbruch[6] auslöst, kann es auch zu unerwünschten Ergebnissen kommen. Ein typisches Beispiel ist ein Zeilenumbruch zwischen einer Maßzahl und der dazugehörigen Maßeinheit. Ein Zeilenumbruch nach der Maßzahl ist in jedem Fall zu verhindern. LaTeX 2$_\varepsilon$ verfügt über einen Befehl, mit dem deutlich gemacht werden kann, daß zwei benachbarte Wörter eine Einheit bilden und durch einen Zeilen- oder Seitenumbruch nicht getrennt werden dürfen. Dieser Befehl ist die Tilde ~ Wenn sie zwischen zwei benachbarte Wörter oder Zeichen gesetzt wird, werden beide als eine Einheit betrachtet. Um mehrere einzelne Wörter zu einer nicht trennbaren Einheit zusammenfassen zu können, kann der Befehl

```
\mbox{}
```

verwendet werden. In den geschweiften Klammern steht der als Einheit zu betrachtende Text. Beispiel:

```
Um zu verhindern, daß es zu einem Zeilenumbruch zwischen
Wörtern wie z.B. 3~cm kommt, kann die Tilde verwendet
werden.
```

ergibt:

> Um zu verhindern, daß es zu einem Zeilenumbruch zwischen Wörtern wie z.B. 3 cm kommt, kann die Tilde verwendet werden.

3.4.2 Und so weiter und so fort

In Texten verwendet man häufig drei aufeinanderfolgende Punkte, um beispielsweise die Funktion eines Bindestrichs auszuführen (3 ... 5 km) oder um die Fortsetzung des geschriebenen Textes anzudeuten .... Da ich diesen berühmten drei Punkten einen eigenen Abschnitt widme, werden Sie schon vermuten, daß es in LaTeX 2$_\varepsilon$ nicht ausreicht, dreimal auf die Taste mit dem Punkt zu drücken. Und damit haben Sie auch richtig vermutet. Würden Sie dreimal das Zeichen für das Satzende eingeben, hätten Sie keine Kontrolle über den Abstand zwischen den Punkten. Aus diesem Grund hält LaTeX 2$_\varepsilon$ den Befehl

```
\ldots
```

bereit, mit dem die drei Punkte an der Stelle, an der der Befehl steht eingefügt werden.

---

[6] Mehr zu diesem Thema erfahren Sie im Kapitel 2.

3.4.3   Schreiben von LaTeX 2ε-Befehlen

Sollten Sie einmal in die Verlegenheit kommen, eine Abhandlung oder ähnliches über LaTeX 2ε bzw. TeX schreiben zu müssen, werden Sie auch die Originalbefehle niederschreiben müssen, ohne dadurch den Befehl selbst auszulösen. Zu diesem Zweck gibt es in LaTeX 2ε einen Befehl und eine Umgebung. Der Befehl lautet

```
\verb
```

Er wird durch den Backslash und das eigentliche Befehlswort eingeleitet. Der zu schreibende Befehl wird zwischen zwei Zeichen gesetzt, die als Klammer dienen. Als solche Klammer können Sie beispielsweise den „normalen" Schrägstrich (Tastenkombination Umschalt-7) oder das Pluszeichen verwenden. Wichtig ist, das vor und nach dem zu setzenden Befehl das gleiche Zeichen verwendet wird. Alles, was zwischen diesen klammernden Zeichen steht, wird durch LaTeX 2ε in der Originalform gesetzt. Als Schrift wird `Typewriter` verwendet. Um bei längeren Abschnitten[7] nicht den Überblick zu verlieren, kann auch eine speziell für den Satz von Originalbefehlen geschaffene Umgebung verwendet werden. Sie wird durch die beiden Befehle

```
\begin{verbatim} und \end{verbatim}
```

gebildet. Alles, was zwischen diesen beiden Befehlen steht, wird durch LaTeX 2ε so gesetzt, wie es eingegeben wurde. Nebenbei gesagt, kann diese Umgebung auch sehr gut zum Setzen von Programmlistings verwendet werden. Zu den in diesem Abschnitt beschriebenen Befehlen muß unbedingt angemerkt werden, daß sie *nicht* innerhalb von anderen Befehlen verwendet werden können, also auch nicht innerhalb von Fußnoten.

3.5   Verarbeiten fremsprachiger Texte

Grundsätzlich gibt es auch in LaTeX 2ε die Möglichkeit, fremdsprachige Texte zu verarbeiten. Solange mit einer Sprache operiert wird, die sich der lateinischen Buchstaben bedient, bereitet auch die Eingabe und Bearbeitung fremdsprachiger Texte keine Schwierigkeiten. Problematisch wird es bei Sprachen, die andere Schriftzeichen verwenden. Es gibt auch für solche Sprachen Lösungen. Sie verlangen jedoch in aller Regel, daß die Texte in einer Form eingebeben wird, bei der die Zeichen dieser Sprache durch lateinische Zeichen oder Zeichenkombinationen symbolisiert werden. Erst nach dem Ausdruck des Dokuments bzw. bei der Voransicht kann man die Zeichen der jeweiligen Sprache sehen.

Um Texte in anderen Sprachen in LaTeX 2ε verarbeiten zu können, müssen Sie ein Paket verwenden, daß die Fähigkeiten von LaTeX 2ε entsprechend erweitert. Quasi schon die Standardlösung für solche Einsatzfälle ist das Paket **babel** von Johannes Braams. Dieses Paket stellt Befehle bereit, mit denen verschiedene Sprachpakete

---

[7] So wurden die Lösungen der Aufgabenstellungen im Kapitel E gesetzt.

eingebunden werden können und zwischen denen hin- und hergeschaltet werden
kann. Dieses Paket muß durch den Befehl

```
\usepackage{babel}
```

Darüber hinaus können Sie breits in der Präambel des Dokuments angeben, mit welchen Sprachen Sie innerhalb des Dokuments arbeiten wollen. Die zu verwendenden
Sprachen werden im optionalen Parameter des Befehls

```
\usepackage{babel}
```

angegeben. Sollen beispielsweise russische und deutsche Textteile im Dokument
verwendet werden, muß der Befehl folgendermaßen lauten:

```
\usepackage[russianb, germanb]{babel}
```

Durch diesen Befehl wird standardmäßig das Trennmuster für die deutsche Sprache
verwendet. Sollen längere englischsprachige Texte eingebeben werden und ebenfalls
automatisch getrennt werden, müssen die englischen Trennmuster aktiviert werden.
Sie werden standardmäßig durch LaTeX 2$_\varepsilon$ geladen. Dazu verwenden Sie den Befehl

```
\selectlanguage{\english}
```

Durch ihn wird auf die englische Sprache umgeschaltet, die in England gesprochen
wird[8]. Um wieder auf die deutsche Sprache umzuschalten, muß der Befehl

```
\selectlanguage{\german}
```

verwendet werden.

Für Leser aus Österreich ist der Befehl

```
\selectlanguage{\austrian}
```

unter Umständen interessant, denn durch ihn werden die Besonderheiten der deutschen Sprache in Österreich berücksichtigt.

Gegenwärtig werden durch das Paket **babel** die in der Tabelle 3.10 aufgeführten
Sprachen unterstützt.

Ich möchte betonen, daß mit den in der Tabelle 3.10 gezeigten Befehlen keine Zeichensätze bereitgestellt werden. Sofern eine Sprache Zeichen verwendet, die nicht im
Vorrat der lateinischen Zeichen enthalten sind, müssen diese Zeichen bereitgestellt
und eingebunden werden.

Solche Zeichensätze können in den TeX-Archiven im Internet gefunden werden. Sie
werden in der Regel zusammen mit einer Anleitung veröffentlicht, der entnommen
werden kann, wie die Zeichen in einem LaTeX 2$_\varepsilon$-Dokument verwendet werden können.

---

[8] Daneben gibt es auch **USenglish**, das Besonderheiten des amerikanischen Englisch berücksichtigt.

Sprache	babel-Option
afrikaans	`\afrikaans`
bahasa	`\bahasa`
bretonisch	`\breton`
dänisch	`\danish`
deutsch	`\german`
englisch	`\english, USenglish, american, UKenglish, british`
esperanto	`\esperanto`
estonisch	`\estonian`
finnisch	`\finnish`
französisch	`\french,francais`
gallizisch	`\galician`
griechisch	`\greek`
irisch	`\irish`
italienisch	`\italian`
katalanisch	`\catalan`
kroatisch	`\croatian`
niederländisch	`\dutch`
niedersorbisch	`\Lower Sorbian`
norwegisch	`\norsk, nyorsk`
polnisch	`\polish`
portugiesisch	`\portuges, portuguese, brasilian, brazil`
rumänisch	`\romanian`
russisch	`\russian`
schottisch	`\scottisch`
spanisch	`\spanish`
slowakisch	`\slovak`
slowenisch	`\slovene`
schwedisch	`\swedish`
tschechisch	`\czech`
türkisch	`\turkish`
obersorbisch	`\uppersorbian`
walisisch	`\welsh`

Tabelle 3.10: Durch **babel** unterstützte Sprachen

Kapitel 4

Umgang mit Tabellen

4.1 Erzeugung einfacher Tabellenstrukturen

Keine wissenschaftliche Arbeit kommt ohne Tabellen aus, eignen sie sich doch hervorragend zur übersichtlichen Präsentation von Informationen. In den bereits mehrmals erwähnten guten alten Zeiten der Schreibmaschine mußte das Erstellen von Tabellen zum Horrorerlebnis werden. Allen, die in jenen Zeiten ihre Arbeiten schrieben, gilt meine uneingeschränkte Hochachtung.

Das Zeitalter der elektronischen Textverarbeitung hat dem Erstellen und Editieren von Tabellen den Schrecken genommen. Allerdings setzt auch heute das Gestalten einer Tabelle gewisse Vorüberlegungen voraus. Bevor man mit dem Erstellen einer Tabelle beginnt, sollte man sich Klarheit über die Struktur der Tabelle verschafft haben. Auch dann, wenn man eine Tabelle mit einem Textverarbeitungsprogramm oder eben mit LaTeX 2_ε erzeugt, ist es beim Erstellen komplizierter Tabellenstrukturen sinnvoll, eine Skizze der Tabelle anzufertigen.

Moderne, unter graphischen Benutzeroberflächen ihren Dienst versehende Textverarbeitungsprogramme ermöglichen zwar ein komfortbales Erzeugen und Editieren von vergleichsweise einfachen Tabellen, bei komplizierten Tabellenstrukturen versagen sie allerdings. Hier trumpft wiederum LaTeX 2_ε mit seiner scheinbar veralteten Arbeitsweise auf. Versuchen Sie einmal, ein Tabelle wie die Tabelle 4.2 mit *Word für Windows* zu erzeugen.

Nun, unmöglich ist es freilich nicht, aber auch nicht ganz einfach. Insbesondere die unterschiedliche Spaltenzahl in den einzelnen Zeilen würde Schwierigkeiten bereiten. Auch mit LaTeX 2_ε ist eine solche Tabelle nicht im Handumdrehen erstellt. Sie entsteht aber immer noch schneller und einfacher als mit anderen Hilfsmitteln. Bevor wir jedoch so komplizierte Tabellen wie die oben gezeigte erzeugen, wollen wir mit einfachen Tabellen beginnen und uns langsam vorarbeiten.

Tabellen werden in LaTeX 2_ε eigentlich in einer Umgebung gestaltet, die durch die Befehle

Testergebnisse				
Typ	Geschwindigkeit		Verbrauch	
	Soll	Ist	Soll	Ist

Tabelle 4.2: Beispieltabelle

```
\begin{tabular} und \end{tabular}
```

gebildet wird. Die so entstehenden Tabellen haben allerdings schwerwiegende Nachteile: In ihnen ist kein Seitenumbruch möglich[1], und sie können keine Fußnotenzeichen aufnehmen. Wir werden daher ausschließlich das zu LaTeX 2_ε gehörende Zusatzpaket longtable.sty verwenden. Dazu muß es innerhalb der Befehls usepackage geladen werden. Ergänzen Sie daher in der Präambel Ihres Dokuments den Befehl usepackage, der nun folgendermaßen lauten muß:

```
\usepackage{german,longtable}
```

Es darf allerdings nicht verschwiegen werden, daß alle mit longtable verbundenen zusätzlichen Eigenschaften nur wirksam werden, wenn in der Präambel des Dokuments der Befehl

```
\setlongtables
```

verwendet wird. Ansonsten kommt es beim Erzeugen der Spalten zu falschen Ergebnissen. Insbesondere dann, wenn Tabellen vor bestehende Tabellen eingefügt oder bestehende Tabellen editiert werden, kommt es bei der erneuten Bearbeitung des Textes durch LaTeX 2_ε zu falschen Ergebnissen. Lassen Sie sich dadurch nicht irritieren. LaTeX 2_ε legt bei der ersten Bearbeitung eine Hilfsdatei an, in der es auch alle Daten für die mit longtable erzeugten Tabellen speichert. Nach der zweiten Bearbeitung sind die Tabellen dann korrekt.

Sie sollten daher beim endgültigen Setzen Ihrer Arbeit so vorgehen, daß sie den Befehl \setlongtables durch ein Voranstellen des Prozentzeichens auskommentieren. Wird das Dokument nun mit LaTeX 2_ε bearbeitet, werden alle Angaben in der durch longtable erzeugten Hilfsdatei gelöscht. Löschen Sie anschließend das Prozentzeichen und bearbeiten den Text zwei weitere Male mit LaTeX 2_ε. Nunmehr haben alle Tabelle innerhalb Ihres Dokuments das gewünschte Aussehen.

---

[1] Die Konsequenz ist, daß so erzeugte Tabellen immer auf der gleichen Seite beginnen und enden müssen.

1. Spalte	2. Spalte
1. Zeile	1. Zeile
2. Zeile	2. Zeile
3. Zeile	3. Zeile

Tabelle 4.4: Eine weitere Beispieltabelle

Ungeachtet dieser Nachteile bietet Ihnen **longtable** neben der Möglichkeit, daß sich Tabellen bei Bedarf auch über mehrere Seiten erstrecken können, den Vorteil, daß Sie innerhalb der Tabelle Fußnotenzeichen[2] verwenden können.

Nach diesen Vorbemerkungen wollen wir mit der Erzeugung von Tabellen beginnen. Im ersten Schritt wollen wir die Tabelle 4.4 generieren.

Die Tabelle besteht aus zwei Spalten und drei Zeilen. Um eine Tabelle zu generieren, definieren wir zunächst mit den beiden Befehlen:

```
\begin{longtable} und \end{longtable}
```

die Umgebung, innerhalb derer die Definition der Tabelle erfolgen soll. Um die Struktur bzw. die Form Tabelle 4.4 festzulegen, wird der Befehl

```
\begin{longtable}
```

in einem weiteren Paar geschweifter Klammern um Angaben zur Struktur der Tabelle ergänzt. Genauer gesagt werden Angaben gemacht, aus wieviel Spalten die Tabelle besteht, und wie der Text in den einzelnen Spalten ausgerichtet werden soll – also links-, oder rechtsbündig oder zentriert. Für jede Spalte der zu erzeugenden Tabelle wird in dieses Klammernpaar ein Buchstabe gesetzt, der die Ausrichtung der Spalte beschreibt: *l* für linksbündig, *r* für rechtsbündig und *c* für zentriert. Damit legen wir indirekt auch die Spaltenzahl fest: die Anzahl der Buchstaben entspricht der Anzahl der Spalten. Der vollständige Befehl hat damit für die Tabelle 4.4 folgendes Aussehen[3]:

```
\begin{longtable}{cc}
```

Nachdem nun die Struktur der Tabelle definiert ist, kann Text in die einzelnen Zellen der Tabelle eingetragen werden. Wir beginnen mit dem Tabellenkopf. Die Einträge der einzelnen Zellen werden fortlaufend geschrieben. Die einzelnen Einträge werden durch das Zeichen & voneinander getrennt. Das Ende eine Zeile wird durch das Zeichen \\ signalisiert. Die Syntax für die Erzeugung der Beispieltabelle 4.4 lautet demnach:

---

[2] Mehr zum Thema *Fußnote* erfahren Sie im Kapitel 5.

[3] Wir erzeugen damit eine Tabelle mit zwei Spalten, in denen der Text zentriert ausgerichtet wird.

1. Spalte	*2. Spalte*
1. Zeile	1. Zeile
2. Zeile	2. Zeile
3. Zeile	3. Zeile

Tabelle 4.6: Erweiterung der Beispieltabelle

1. Spalte	*2. Spalte*
1. Zeile	1. Zeile
2. Zeile	2. Zeile
3. Zeile	3. Zeile

Tabelle 4.8: Größerer Abstand zwischen Kopf und Tabelle

```
\begin{longtable}{cc}
1. Spalte & 2. Spalte\\
1. Zeile  & 1. Zeile\\
2. Zeile  & 2. Zeile\\
3. Zeile  & 3. Zeile\\
\end{longtable}
```

Damit haben wir eine Struktur geschaffen, die wir als Ausgangspunkt für die Gestaltung der nächsten Tabellen nutzen wollen.

Im nächsten Schritt sollen die Einträge des Tabellenkopfes so verändert werden, daß sie sich deutlicher von den Einträgen in den übrigen Zellen der Tabelle unterscheiden. Dazu können wir sie beispielsweise kursiv drucken und den Tabellenkopf durch eine horizontale Linie vom Rest der Tabelle abtrennen. Die Tabelle sollte dann wie die Tabelle 4.6 aussehen. Die kursive Schrift der Spaltenüberschrift erreichen wir – wie im Kapitel 3 beschrieben – durch den Befehl \emph, der vor die Überschrift jeder Spalte geschrieben wird. Die horizontale Linie zwischen dem Tabellenkopf und den übrigen Zeilen der Tabelle erzeugen wir durch den Befehl \hline am Ende der Zeile, die die Definition des Tabellenkopfes enthält. Um die Tabelle zu generieren, muß in der oben gezeigten Tabellendefinition also nur eine Zeile geändert werden. Sie lautet demnach so[4]:

```
\emph{1.  Spalte} & \emph{2.  Spalte}\\ \hline
```

Um jetzt beispielsweise eine doppelte Linie unter den Tabellenkopf zu setzen, müßte man einfach nur den Befehl \hline doppelt verwenden. Eine weitere kleine Veränderung gegenüber der Ausgangstabelle könnte darin bestehen, einen etwas größeren Zeilenabstand zwischen dem Tabellenkopf und dem eigentlichen Tabellenteil zu verwenden. Dazu müßte in die Zeile mit der Definition des Tabellenkopfes in eckige Klammern das Maß gesetzt werden, um den der standardmäßig verwendete Zeilenabstand vergrößert werden soll. Lassen Sie uns zur Veranschaulichung die obige Tabellendefinition wie folgt ändern:

```
\emph{1.  Spalte} & \emph{2.  Spalte}\\[0.5ex] \hline
```

Die Tabelle hat das Aussehen wie die Tabelle 4.8

Der nächste Schritt soll darin bestehen, unter den Tabellenkopf und alle übrigen Zeilen eine horizontale Linie zu ziehen und die einzelnen Spalten durch eine vertikale

---

[4] Der übrige Teil der Tabellendefinition bleibt unverändert und wird deshalb nicht gezeigt.

Linie voneinander zu trennen. Der erste Teil der Aufgabe ist einfach zu lösen. Hinter jede Zeile der Tabellendefinition muß der Befehl

```
\hline
```

geschrieben werden. Um die einzelnen Spalten durch vertikale Linien voneinander zu trennen, müssen wir die erste Zeile der Tabellendefinition, genauer gesagt den Teil mit der Definition der Tabellenstruktur, ein wenig manipulieren. Die dort stehenden Buchstaben symbolisieren jeweils eine Spalte der Tabelle. An jede Stelle, an der in der endgültigen Tabelle eine vertikale Linie erscheinen soll, setzen wir in dieser symbolischen Darstellung der Tabellenstruktur das Zeichen |. Sie können es erzeugen, indem Sie die Alt-Taste Ihrer Tastatur drücken und bei gedrückt gehaltener Alt-Taste auf dem Ziffernblock nacheinander die Ziffern 1, 2 und 4 eingeben. Wenn Sie anschließend die Alt-Taste wieder loslassen, erscheint das Zeichen | im Text. Unsere Tabellendefinition müßte dann folgendermaßen aussehen:

```
\begin{longtable}{|c|c|} \hline
\emph{1. Spalte} & \emph{2. Spalte}\\ \hline
1. Zeile  & 1. Zeile\\ \hline
2. Zeile  & 2. Zeile\\ \hline
3. Zeile  & 3. Zeile\\ \hline
\end{longtable}
```

Dadurch wird eine Tabelle mit folgendem Aussehen erzeugt:

1. Spalte	*2. Spalte*
1. Zeile	1. Zeile
2. Zeile	2. Zeile
3. Zeile	3. Zeile

4.2 Beeinflussung der Spaltenbreiten

Bei der oben erzeugten Tabelle haben wir keinerlei Angaben zur Breite der einzelnen Spalten gemacht. Wie werden durch LaTeX 2_ε die Breiten der Tabellenspalten bestimmt? Ganz einfach: Wenn wir eine Tabelle so – wie oben erläutert – definieren, richtet sich die Breite einer Spalte nach dem längsten Eintrag in einer Spalte. Um Ihnen das zu beweisen, ändere ich die Tabellendefinition wie folgt:

```
\begin{longtable}{|c|c|}\hline
\emph{Erste Spalte} & \emph{2. Spalte}\\ \hline
1. Zeile  & 1. Zeile\\ \hline
2. Zeile  & 2. Zeile\\ \hline
3. Zeile  & 3. Zeile\\ \hline
\end{longtable}
```

Im Ergebnis erhalten wir die Tabelle 4.11. Die linke Spalte ist nun breiter, da der

Erste Spalte	*2. Spalte*
1. Zeile	1. Zeile
2. Zeile	2. Zeile
3. Zeile	3. Zeile

Tabelle 4.11: Spaltenbreite in Abhängigkeit vom Text

Erste Spalte	*2. Spalte*
1. Zeile	1. Zeile
2. Zeile	2. Zeile
3. Zeile	3. Zeile

Tabelle 4.13: Tabelle mit wohl definierten Spaltenbreiten

Eintrag *Erste Spalte* mehr Platz beansprucht als der Eintrag *1. Spalte*. Bei dieser Art der Tabellendefinition können wir die Breite der einzelnen Spalten also nicht steuern. Die Einträge in den einzelnen Spalten dürfen auch nicht zu lang sein, da in so definierten Tabellen kein Umbruch in den einzelnen Zellen der Tabelle möglich ist.

Zum Erzeugen von Tabellen mit exakt definierten Spaltenbreiten hält LaTeX 2_ε allerdings auch eine Möglichkeit bereit. Dabei wird die Struktur der Tabelle nicht mehr allein durch Buchstaben für die Ausrichtung der Spalten festgelegt, sondern durch exakte Maßangaben. Lassen Sie uns das Ganze an einem Beispiel erörtern. Wir nehmen dazu an, daß die oben besprochene Tabelle 4.11 so verändert werden soll, daß die Spalten eine Breite von jeweils 4 cm haben. Dazu ersetzen wir in der Definition der Spaltenstruktur die Zeichen c durch p{4cm}. Als Maß für die Spaltenbreite können Sie wiederum Dezimalzahlen mit allen in LaTeX 2_ε möglichen Maßeinheiten verwenden. Mit der beschriebenen Veränderung lautet demnach die gesamte Tabellendefinition:

```
\begin{longtable}{|p{4cm}|p{4cm}|}\hline
\emph{Erste Spalte} & \emph{2. Spalte}\\ \hline
1. Zeile  & 1. Zeile\\ \hline
2. Zeile  & 2. Zeile\\ \hline
3. Zeile  & 3. Zeile\\ \hline
\end{longtable}
```

Wir erhalten damit die Tabelle 4.13. Wenn Sie von dieser Möglichkeit Gebrauch machen, haben Sie allerdings keinen Einfluß mehr auf die Ausrichtung des Textes in der Spalte. Die so entstehenden Spalten sind immer linksbündig ausgerichtet. Der große Vorteil dieser Art der Definition der Spaltenstruktur besteht jedoch nicht nur darin, daß Sie exakt die Breite der Spalten definieren können, sondern daß der Eintrag innerhalb einer Zelle bei Bedarf umgebrochen werden kann. Normalerweise wird dieser Zeilenumbruch durch LaTeX 2_ε selbst vorgenommen. Allerdings können auch Sie Einfluß darauf nehmen, wo ein Zeilenumbruch erfolgen soll. Dazu können Sie jedoch nicht den Befehl \\ mit seinen möglichen Optionen verwenden, sondern müssen sich auf die Befehle

`\newline` und `\linebreak`

beschränken.

Beide Varianten der Strukturdefinition können parallel verwendet werden. Es ist also eine solche Tabellendefinition möglich:

```
\begin{longtable}{|l|p{8cm}|}
```

Damit würde eine Tabelle erzeugt werden, die aus zwei Spalten besteht. Die linke Spalte hätte eine Breite von 8 cm. Die Breite der linksbündig ausgerichteten rechten Spalte ist zum Zeitpunkt der Definition der Tabelle unbekannt. Sie hängt vom längsten Eintrag in dieser Spalte ab.

Mit dem bisher erworbenen Wissen können wir beginnen, die am Anfang dieses Kapitels gezeigte Tabelle zu erzeugen. Wir wollen dabei die Tabelle von unten nach oben erzeugen, beginnen also mit den leeren Zeilen am Schluß der Tabelle, da das dafür notwendige Wissen vorhanden sein sollte.

Aufgabe 4.1: Erzeugen Sie die folgende Tabelle, deren Spalten sich gleichmäßig über die gesamte Breite des Satzspiegels mit einer angenommenen Breite von 10.5 cm verteilen sollen.

	Soll	Ist	Soll	Ist

4.3 Überschriften über mehrere Spalten

Die Besonderheit der Tabelle 4.2 besteht im Vergleich zu den bisher im Kapitel 4 erzeugten Tabellen darin, daß sie Spaltenüberschriften enthält die sich über mehrere Spalten erstrecken. Das sind die Überschriften *Geschwindigkeit, Verbrauch* sowie die Überschrift, die über alle Spalten der Tabelle verläuft – *Testergebnisse.* In diesem Abschnitt sollen Sie erfahren, wie solche Strukturen erzeugt werden.

Bei der Definition von Spaltenüberschriften, die sich über mehrere Spalten erstrecken, bedient man sich des Befehls

```
\multicolumn
```

Dieser Befehl muß unmittelbar vor dem Eintrag stehen, der die Spaltenüberschrift bilden soll und wir durch mehrere Parameter in geschweiften Klammern näher spezifiziert. Im ersten Klammerausdruck wird angegeben, über wieviele Spalten sich die folgende Überschrift erstrecken soll. In unserem Fall gehen die Spaltenüberschriften *Geschwindigkeit* bzw. *Verbrauch* über zwei Spalten. Der Befehl lautet also bisher:

```
\multicolumn{2}
```

Als nächstes wird die Spaltenstruktur definiert. Dabei gilt das, was in den vorhergehenden Abschnitten dieses Kapitels gesagt wurde. Wenn wir die Spaltenüberschriften zentrieren wollen, lautet der Befehl für die Überschrift *Geschwindigkeit* nunmehr:

```
\multicolumn{2}{|c|}
```

Die Tabellendefinition hat nun folgendes Aussehen:

```
\begin{longtable}{|p{2cm}|p{2cm}|p{2cm}|p{2cm}|p{2cm}|}\hline
& \multicolumn{2}{c|}{Geschwindigkeit} & \multicolumn{2}{c|}
{Verbrauch}\\ \hline
& Soll & Ist & Soll & Ist  \\ \hline
& & & &     \\ \hline
& & & &    \\ \hline
& & & &    \\ \hline

\end{longtable}
```

Die dadurch entstehende Tabelle präsentiert sich folgendermaßen:

	Geschwindigkeit		Verbrauch	
	Soll	Ist	Soll	Ist

Mit diesem Wissen ausgestattet, sollte es für Sie einfach sein, die Tabelle so zu vervollständigen, daß die zu Beginn dieses Kapitels gezeigte Tabelle 4.2 entsteht. Sie setzen hinter die Zeile, die mit `\begin{longtable}` beginnt, die Zeile

```
\multicolumn{5}{c}\textbf{Testergebnisse}\\ \hline
```

Mit diesem Befehl wird festgelegt, daß sich die erste Tabellenzeile über alle fünf Spalten erstreckt, und daß der Text innerhalb der so entstehenden Zelle zentriert sein soll und fett gedruckt wird.

Der Befehl `\multicolumn` kann aber auch noch für einen anderen Zweck sehr gut genutzt werden. Wenn Sie bei der Erzeugung der Tabelle Spalten mit einer festen Breite definieren, haben Sie zunächst keinen Einfluß darauf, wie der Text in der Spalte ausgerichtet wird. Wenn Sie zur Definition der Spaltendefinition die Buchstabenform verwenden, haben Sie zunächst keine Möglichkeit, innerhalb der Tabelle einen Wechsel der der Textausrichtung vorzunehmen. So ein Wechsel ist beispielsweise gewünscht, wenn der Text in den Spaltenüberschriften zentriert ansonsten aber linksbündig ausgerichtet sein soll. Solche Wechsel der Bündigkeit können mit dem Befehl `\multicolumn` erzielt werden. Lassen Sie uns das Vorgehen am Beispiel der dritten Tabellenzeile betrachten. Die Überschriften *Soll* und *Ist* sollen zentriert ausgerichtet werden. Dazu verändern wir die Definition jedes Eintrags folgendermaßen: Anstelle von *Soll* muß der Befehl

```
\multicolumn{1}{|c|}{Soll}
```

stehen. Der Trick besteht also darin, Spalten zusammenzufassen, weil der Befehl \multicolumn erlaubt, die Ausrichtung des Textes zu definieren. In diesem Fall fassen wir jedoch nur eine Spalte zu einer Spalte zusammen[5]. Die vollständige Definitionszeile lautet dann:

```
& \multicolumn{1}{|c|}{Soll}  & \multicolumn{1}{|c|}{Ist}
& \multicolumn{1}{|c|}
{Soll} & \multicolumn{1}{|c|}{Ist} \\ \hline
```

4.4 Beeinflussung der Zeilenhöhe

In den bisher durch uns erzeugten Tabellen haben wir keinen unmittelbaren Einfluß auf die Höhe der Tabellenzeilen genommen. Sie war bislang nur von der verwendeten Schriftgröße abhängig. Wir wollen uns in diesem Abschnitt ansehen, wie LaTeX 2_ε zusammen mit longtable die Beeinflussung der Zeilenhöhe unterstützt. In der Regel sollte man zwar an den Vorgaben von LaTeX 2_ε nicht rütteln, mitunter ist es zum Hervorheben von bestimmten Tabelleneinträgen allerdings günstig, die Zeilenhöhe etwas zu vergrößern. Beispielsweise könnte unsere Tabelle so verändert werden, daß sie folgendermaßen aussieht:

Testergebnisse				
	Geschwindigkeit		Verbrauch	
	Soll	Ist	Soll	Ist

Der hierbei angewandte Trick besteht darin, in die Zelle mit der Tabellenüberschrift ein unsichtbares horizontales Rechteck zu setzen, durch das der Abstand zwischen der Linie über der Zelle und die Linie unter der Zelle entsprechend vergrößert wird. In dieses unsichtbare Rechteck wird dann der Text geschrieben. Praktisch sieht die Umsetzung in LaTeX 2_ε so aus, daß ein Rechteck mit einer bestimmten Dicke und einer Breite von Null definiert wird. Dadurch wird das eigentlich schwarz ausgefüllte

---

[5] Das klingt zwar ungewöhnlich, ist aber durchaus richtig.

Rechteck nicht sichtbar. Zusätzlich kann festgelegt werden, daß die Unterkante der unsichtbaren Linie vertikal verschoben wird. Für diese Funktionen gibt es in LaTeX 2$_\varepsilon$ den Befehl

```
{\rule[verschiebung]{breite}{dicke}tabellentext}
```

Der Parameter *verschiebung* drückt aus, ob und wie weit die Unterkante des Rechtecks verschoben wird. Positive Werte heben die Kante an, negative Werte senken sie ab. Mit *breite* wird die Breite des unsichtbaren Rechtecks festgelegt. *dicke* ist schließlich die Dicke des unsichtbaren Rechtecks.

Zum Erzeugen der oben gezeigten Tabelle habe ich die erste Tabellenzeile wie folgt definiert:

```
\multicolumn{5}{|c|}{\rule[-5mm]{0mm}{10mm}\textbf{
Testergebnisse}}  \\ \hline
```

Das unsichtbare Rechteck wird zunächst um 5 mm nach unten verschoben. Als Breite des Rechtecks habe ich aus den oben genannten Gründen 0 mm festgelegt. Von der Unterkante des unsichtbaren Rechtecks werden nun 10 mm nach oben abgetragen. Beachten Sie bitte, daß der hrule-Befehl und der eigentliche Tabellentext in einem Klammernpaar stehen.

4.5   Vertikales Verschieben von Tabellentext

Wir stellen uns die Aufgabe, die unten gezeigte Tabelle zu generieren.

	10 – 12	
	12 – 14	
Montag	14 – 16	
	16 – 18	
	18 – 20	
	20 – 22	

Sie weist gegenüber den vorhergehenden Beispielen zwei Besonderheiten auf: Die horizontalen Linien unter den Tabellenzeilen gehen nicht über die gesamte Tabellenbreite und die linke Spalte scheint aus nur einer Zeile zu bestehen. Die Strategie für die Erzeugung der Tabelle ist zunächst klar: Wir definieren eine Tabelle mit 3 Spalten. Die Breite der Spalten beträgt bei mir von links nach rechts 3 cm, 2 cm und 5 cm. Durch das Zeichen | werden vertikale Linien als Begrenzung der einzelnen Spalten gesetzt. Doch jetzt wird es komplizierter. Wir gehen deshalb so vor, daß wir zunächst so wie oben beschrieben, die einzelnen Zeilen erzeugen. Die erste Spalte bleibt dabei zunächst leer! In die erste Spalte der letzten Zeile schreiben wir das Wort *Montag*.

An das Ende der einzelnen Zeilen setzen wir in diesem Fall jedoch nicht den Befehl

\hline, weil er eine Linie über die gesamte Tabellenbreite erzeugt. Wir müssen den Befehl

```
\cline{von - bis}
```

verwenden. *von* gibt die Spalte an, wo die Linie beginnen soll und *bis*, wo sie endet. Da sich die Linie in unserer Tabelle über die Spalten 2 und 3 erstreckt lautet der Befehl folgerichtig

```
\cline{2-3}
```

Diesen Befehl setzen wir hinter jede Zeile. Nur die letzte Zeile endet mit dem Befehl \hline. Im fertigen Dokument würden wir jetzt zwar eine erste Spalte erhalten, die wie eine einzige Zelle wirkt; das Wort *Montag* wäre aber immer noch an die unterste Linie gequetscht. Dieses Wort soll nun vertikal in der ersten Spalte zentriert werden. Dazu muß es nach oben verschoben werden. LATEX 2$_\varepsilon$ bzw. longtable hält dazu den Befehl

```
\raisebox
```

bereit. Er funktioniert ähnlich wie der oben beschriebene Befehl \rule. Vollständig lautet die Syntax dieses Befehls:

```
\raisebox{verschiebung}[verschiebung oberunterlänge]{tabellentext}
```

Der Parameter *verschiebung* drückt aus, wie stark der entsprechende Text angehoben oder abgesenkt werden soll. Positive Werte bewirken ein Heben, negative Werte ein Senken des Textes. Was es mit *verschiebung oberunterlänge* auf sich hat, soll unten am konkreten Beispiel erläutert werden.

Kehren wir deshalb zu unserem Beispiel zurück. Wir setzen anstelle des Wortes *Montag* den Befehl:

```
\raisebox{6.5ex}{Montag}
```

Damit wird das Wort *Montag* um 6.5 Zeilen nach oben verschoben. Würden wir die Tabelle bereits in dieser Form durch LATEX 2$_\varepsilon$ erzeugen lassen, würden wir sehen, daß sich die unterste Zeile der Tabelle ebenfalls um 6.5 Zeilen vergrößert hat. Wir müssen deshalb die Oberkante der Zeile auf das Ausgangsniveau absenken. Dazu ergänzen wir den Befehl um [-6.5ex]. Die vollständige Beschreibung der Tabelle muß demnach lauten:

```
\begin{longtable}{|p{3cm}|p{2cm}|p{5cm}|}\hline
 & 10 -- 12 & \\ \cline{2-3}
 & 12 -- 14 & \\ \cline{2-3}
 & 14 -- 16 & \\ \cline{2-3}
 & 16 -- 18 & \\ \cline{2-3}
 & 18 -- 20 & \\ \cline{2-3}
\raisebox{6.5ex}[-6.5ex]{Montag}& 20 -- 22 & \\ \hline
\end{longtable}
```

4.6 Verwendung von Dezimaltabulatoren

Standardmäßig werden durch LaTeX 2_ε keine Dezimaltabulatoren unterstützt. Die Zusatzpakte von LaTeX 2_ε enthalten jedoch Makros, die dieses Manko beseitigen. Es handelt sich dabei um array.sty und dcolumn.sty. Um sie nutzen zu können, muß in der Präambel des Dokuments die Zeile mit dem Befehl \usepackage wie folgt geändert werden:

```
\usepackage{german,longtable,array,dcolumn}
```

Damit sind alle Voraussetzungen für die Verwendung von Dezimaltabulatoren erfüllt. Wie Dezimaltabulatoren verwendet werden, wollen wir uns erneut an einem Beispiel ansehen. Die uns schon durch das ganze Kapitel begleitende Tabelle soll weiter ergänzt werden und das unten gezeigte Aussehen haben:

Testergebnisse				
	Geschwindigkeit		Verbrauch	
	Soll	Ist	Soll	Ist
Ente	100.00	124.34	6.78	3.56
Käfer	110.00	102.45	5.5	7.29
Trabant	90.00	172.43	4.5	24.76

Sie können feststellen, daß durch LaTeX 2_ε die vorgegebene Spaltenbreite nicht berücksichtigt wurde. Hier klappt das Zusammenspiel zwischen den Paketen longtble.sty und dcolumn.sty nicht so wie gewünscht. Allerdings haben wir perfekt übereinanderstehende Dezimalpunkte. Sie müssen sich also von Fall zu Fall entscheiden, ob es Ihnen eher auf eine exakte Spaltenbreite oder die exakte Ausrichtung der Dezimalpunkte ankommt. Wie auch immer: auch die entstandene Tabelle kann durchaus überzeugen! Die allgemeine Syntax für die Definition eines Dezimaltabulators lautet:

```
{D{Dezimaltrennzeichen in der tex-Datei\} {Dezimaltrennzeichen
in der dvi-Datei}{Anzahl der Dezimalstellen}}
```

Der erste an D übergebene Parameter ist das Zeichen, das in der tex-Datei – also beim Schreiben des Textes im Editor – als Dezimaltrennzeichen verwendet wird. Sie können hier einen Punkt oder ein Komma angeben. Im nächsten Parameter steht dann das Zeichen, das im späteren Ausdruck als Dezimaltrennzeichen verwendet werden soll. Geben Sie beispielsweise im ersten Argument ein Komma und im zweiten Argument einen Punkt an, wird das Komma durch LaTeX 2_ε bei der Erzeugung der dvi-Datei in einen Punkt umgewandelt. Im letzten Argument geben Sie schließlich die Zahl der maximal in der Spalte vorkommenden Dezimalstellen an. Hier können Sie auch eine negative Zahl angeben. Damit ist die Zahl der Nachkommastellen unbegrenzt. Das Dezimaltrennzeichen wird in diesem Fall in der Spaltenmitte angeordnet.

Doch lassen Sie uns zu unserer Tabelle zurückkehren, um dort das eben vermittelte Wissen anzuwenden. Dazu schlage ich folgende Strategie vor: Die eigentliche Tabellendefinition lassen wir unverändert. Wir wollen nach wie vor eine Tabelle mit festen Spaltenbreiten erzeugen. Die Überschriften der einzelnen Spalten sollen weiter zentriert sein. Wir werden deshalb erst die Spalten manupulieren, die die eigentliche Information der Tabelle enthalten. Bevor wir fortfahren, muß ich Sie darauf hinweisen, daß das im folgenden beschriebene Verfahren zur Unübersichtlichkeit im Quelltext führen kann, da wir jeden Eintrag[6] als `multicolumn`-Befehl definieren müssen. Ich empfehle Ihnen daher, die Einträge für die einzelnen Spalten untereinander zu schreiben und die einzelnen Spalteneinträge durch eine Leerzeile voneinander abzugrenzen.

Beginnen wir also mit dem Eintrag für die Sollgeschwindigkeit der *Ente*. Um die Ausrichtung des Spaltentextes verändern zu können, benutzen wir den `multicolumn`-Befehl und fassen eine Spalte zu einer Spalte zusammen[7]. Bis hierher lautet der Befehl damit

```
\multicolumn{1}
```

Es folgt die Definition des Dezimaltabulators. Dabei gehen wir streng nach der oben beschriebenen allgemeinen Syntax vor. Eingeleitet wird die Definition durch {D. Es folgt im ersten Klammernpaar die Angabe des Zeichens, das im LaTeX 2$_\varepsilon$-Quelltext als Dezimaltrennzeichen verwendet wird. Ich habe den Punkt verwendet. Der Befehl lautet nunmehr:

```
{D{.}
```

Im nächsten Klammernpaar folgt die Angabe des Zeichens, das im späteren Ausdruck als Dezimaltrennzeichen verwendet werden soll. Auch hier habe ich den Punkt verwendet. Der Befehl hat nunmehr folgendes Aussehen:

```
{D{.}{.}
```

Das letzte Argument ist die Anzahl der maximal in der Spalte verwendeten Nachkommastellen. Bei mir sind es zwei. Damit lautet der vollständige Befehl für die Definition des Dezimaltabulators in der zweiten Spalte:

```
{D{.}{.}{2}}
```

Dieser Befehl wird an den `\multicolumn`-Befehl „gehängt". Das letzte Argument dieses Befehls ist dann der Zellentext. Damit lautet die vollständige Anweisung:

```
\multicolumn{1}{{D{.}{.}{2}}{100.00}
```

Die Zeile mit allen Daten für die *Ente* lautet demnach:

---

[6] Mit Ausnahme der ersten Spalte
[7] Diesen Trick habe ich Ihnen bereits auf der Seite 69 erläutert

```
Ente
&\multicolumn{1}{D{.}{.}{2}|}{100.00}
& \multicolumn{1}{D{.}{.}{2}|}{124.34}
&\multicolumn{1}{D{.}{.}{2}|}{6.78}
& \multicolumn{1}{D{.}{.}{2}|}{3.56} \\ \hline
```

Eine solche Variante führt zwar zu dem oben beschriebenen Ziel, erfordert aber viel Schreibarbeit und neigt zu einer gewissen Unübersichtlichkeit. Ich möchte Ihnen daher an dieser Stelle eine Möglichkeit zeigen, sich Schreibarbeit zu sparen. Bis auf den Spalteneintrag wollen wir alles durch einen kurzen Befehl ersetzen. Sie haben mit LaTeX 2$_\varepsilon$ die Möglichkeit, eigene Befehle zu definieren. Dazu verfügt LaTeX 2$_\varepsilon$ über den Befehl \newcommand. Seine vollständige Syntax lautet:

```
\newcommand{Befehlsname}{Befehl}
```

Befehlsname ist ein durch Sie frei wählbarer Name, unter der der Befehl später aufgerufen werden kann. Ich habe die Bezeichnung *dez* gewählt. Im nächsten Argument des \newcommand-Befehls folgt dann der Befehl, den wir durch *dez* ersetzen wollen. Die vollständige Syntax des durch uns neu erzeugten Befehls lautet damit:

```
\newcommand{\dez}{\multicolumn{1}{D{.}{.}{2}|}}
```

Die Definition der Zeile mit den Daten der *Ente* kann danach wie folgt geändert werden:

```
Ente
& \dez{100.00}
& \dez{124.34}
& \dez{6.78}
& \dez{3.56} \\ \hline
```

Einfacher geht es wohl kaum. Wenn Sie wollen, können Sie nach dem gleichen Muster die anderen langen \multicolumn-Anweisungen in der Tabellendefinition durch Kurzbefehle ersetzen. Die vollständige Definition der Tabelle lautet bisher:

```
\begin{longtable}{|p{2cm}|p{2cm}|p{2cm}|p{2cm}|p{2cm}|}\hline
\multicolumn {5}{|c|} {\rule[-5mm]{0mm}{10mm}
\textbf{Testergebnisse}}  \\ \hline
& \multicolumn{2}{c|}{Geschwindigkeit}
& \multicolumn{2}{c|}{Verbrauch}\\ \cline{2-5}
& \multicolumn{1}{c|}{Soll}  & \multicolumn{1}{c|}{Ist}
& \multicolumn{1}{c|}{Soll} & \multicolumn{1}{c|}{Ist} \\ \hline
Ente
&\dez{100.00}
& \dez{124.34}
&\dez{6.78}
& \dez{3.56} \\ \hline
Käfer
&\dez{110.00}
& \dez{102.45}
&\dez{5.5}
& \dez{7.29} \\ \hline
Trabant
&\dez{90.00}
& \dez{172.43}
&\dez{4.5}
& \dez{24.76} \\ \hline
\end{longtable}
```

4.7 Ausrichtung der Tabellen

Standardmäßig werden alle Tabellen auf der Seitenmitte zentriert. Wenn Sie das
nicht wollen, können Sie die Ausrichtung der Tabelle ändern, indem Sie an den
Befehl

```
\begin{longtable}
```

den Parameter [Ausrichtung] hängen. *Ausrichtung* ist dabei wiederum ein Buchstabe, der für die gewünschte Ausrichtung steht, also *l* für linksbündig, *r* für rechtsbündig und *c* für zentriert. Die zuletzt gezeigte Tabelle habe ich so verändert,
daß sie linksbündig ausgerichtet wird. Es muß also das Argument [l] verwendet
werden. Die Tabelle sieht dann so aus wie die Tabelle 4.20. Gegenüber den zuvor
besprochenen Tabellen hat sich nur die erste Zeile der Definition geändert. Sie sieht
folgendermaßen aus:

```
\begin{longtable}[l]{|p{2cm}|p{2cm}|p{2cm}|p{2cm}|p{2cm}|}\hline
```

Testergebnisse			
	Geschwindigkeit		Verbrauch	
	Soll	Ist	Soll	Ist
Ente	100.00	124.34	6.78	3.56
Käfer	110.00	102.45	5.5	7.29
Trabant	90.00	172.43	4.5	24.76

Tabelle 4.20: Linksbündig ausgerichtete Tabelle

4.8 Tabellen über mehrere Seiten

Daß durch das Paket longtable.sty die Möglichkeit besteht, die Tabelle über mehrere
Seiten laufen zu lassen, wurde bereits oben meherere Male erwähnt. Gerade in wissenschaftlichen Abhandlungen können Tabellen vorkommen, die sich über mehrere
Seiten hinziehen. Um ein Lesen solcher Tabellen zu erleichtern, ist es empfehlenswert, den Tabellenkopf zu Beginn jeder neuen Seite zu wiederholen, um den Leser
ein ständiges Hin- und Herblättern zu ersparen. Eine solche Gestaltungsmöglichkeit
wird uns ebenfalls durch das Paket longtable.sty geboten. Es handelt sich dabei um
den Befehl

```
\endhead
```

der an das Ende der Zeile gesetzt wird, die zu Beginn jeder neuen Seite wiederholt
werden soll. Eine solche über zwei Seiten gehende Tabelle finden Sie im Anhang D,
wo die Tabelle *Zeiger und Pfeile* auf einer Seite beginnt und auf der nächsten Seite
fortgesetzt wird. Der Beginn der Tabellendefinition sieht so aus:

```
\begin{longtable}{|ll|ll|}\hline
\emph{Zeichen} & \emph{Befehl} & \emph{Zeichen}
& \emph{Befehl} \endhead
\hline
```

Sie sehen, daß der Befehl \\ durch den Befehl \endhead ersetzt wurde. Auf der
Seite 213f. können Sie sich von der Wirkung dieses Befehls überzeugen.

Eine weitere Variante könnte darin bestehen, die vollständigen Spaltenüberschriften nur zu Beginn der Tabelle erscheinen zu lassen und auf den folgenden Seiten
Kurzformen oder Nummern zu verwenden. Auch dafür gibt es eine Gestaltungsmöglichkeit mit longtable.sty. An das Ende der Zeile, die nur zu Beginn der Tabelle
erscheinen soll, wird der Befehl

```
\endfirsthead
```

angehängt, an die Zeile, die am Beginn jeder weiteren Seite erscheinen soll, der
oben beschriebene Befehl \endhead. Sehen Sie sich dazu das folgende Beispiel eines

Tabellenkopfes an:

```
\begin{longtable}{|ll|ll|}\hline
\emph{Zeichen} & \emph{Befehl} & \emph{Zeichen} & \emph{Befehl}
\endfirsthead
\hline
\emph{1} & \emph{2} & \emph{1} & \emph{2} \endhead \hline
```

Analog zur Tabellenkopfgestaltung gibt es die beiden Befehle

```
\endfoot und \endlastfoot
```
,

die jedoch auf das Tabellenende, genauer gesagt auf die letzte Zeile jeder Seite und das Ende der Tabelle wirken.

4.9 Beschriftung von Tabellen

In wissenschaftlichen Arbeiten ist es üblich, Tabellen zu numerieren und ihnen einen aussagekräftigen Titel zu geben. Das erleichtert insbesondere das Verweisen auf bestimmte Tabellen. Texte wie:„*Vergleichen Sie auch die Tabelle mit den drei Spalten und fünf Zeilen, auf der Seite, wo das Kapitel Kuddelmuddel beginnt.*" können damit entfallen und lauten dann: „*Vergleichen Sie auch die Tabelle 3.7 auf der Seite 122.*".

Die Beschriftung einer Tabelle ist als Überschrift und als „Unterschrift" möglich. Wie die Tabelle beschriftet wird, hängt davon ab, wo der für die Beschriftung einer Tabelle verantwortliche Befehl

```
\caption
```

innerhalb der Tabellendefiniton steht. Wenn er unmittelbar hinter der Zeile mit dem Befehl `\begin{longtable}` steht, wird eine Tabellenüberschrift erzeugt. Befindet er sich jedoch unmittelbar vor der Zeile mit dem Befehl `\end{longtable}`, erhält die Tabelle eine „Unterschrift". Sie sollten innerhalb Ihrer Arbeiten nur eine der beiden Varianten verwenden und sich auch dabei von den Forderungen Ihrer Hochschule, den Wünschen Ihrers Betreuers und Ihrem eigenen Geschmack leiten lassen.

Die allgemeine Syntax des `\caption`-Befehls lautet:

```
\caption{Beschriftungstext}
```

Dabei ist *Beschriftungstext* der Text, der als Über- oder Unterschrift sowie in einem Tabellenverzeichnis[8] erscheint. Diesen Text können Sie nach Belieben formatieren.

Der `\caption`-Befehl erzeugt im endgültigen Dokument die Über- oder Unterschrift der Tabelle. Sie besteht aus dem Wort *Tabelle* gefolgt von einer Nummer, die aus

---

[8] Mehr dazu im Kapitel 11

der Nummer des aktuellen Kapitels und der laufenden Tabellennummer besteht, sowie dem eigentlichen Text der Über- bzw. Unterschrift.

Auch wenn Sie bestimmte Tabellen nicht mit einer Über- oder Unterschrift versehen, erfolgt die Numerierung der Tabellen dennoch so, als hätten alle Tabelle eine Über- bzw. Unterschrift. Das bedeutet, daß bestimmte Tabellennummern explizit in Ihrem Dokument nicht auftauchen. Intern haben sie jedoch eine Nummer.

4.10 Gleitende Tabellen

Mitunter ist es erwünscht, daß eine Tabelle unverrückbar an einer festgelegten Position verankert wird, daß sie also nicht durch das Einfügen oder Löschen von Text über der Tabelle nach unten oder oben verschoben werden kann. Eine sogenannte „gleitende" Tabelle ist eine Tabelle, um die der sie umgebende Text herumfließt. Sie gleitet gleichsam auf den Fluten des Fließtextes.

Der Aufbau solcher Tabellen unterscheidet sich grundsätzlich nicht von den oben beschriebenen Tabellen. Eine Tabelle wird zu einer gleitenden Tabelle, indem sie in eine Umgebung gesetzt wird, die durch die Befehle

```
\begin{table} und \end{table}
```

gebildet wird.

Zur Verdeutlichung machen wir aus der Tabelle auf der Seite 70 die gleitende Tabelle 4.22. Die Definiton dieser Tabelle lautet dann:

```
\begin{table}[t]
\begin{longtable}{|p{3cm}|p{2cm}|p{5cm}|}\hline
& 10 -- 12 & \\ \cline{2-3}
& 12 -- 14 & \\ \cline{2-3}
& 14 -- 16 & \\ \cline{2-3}
& 16 -- 18 & \\ \cline{2-3}
& 18 -- 20 & \\ \cline{2-3}
\raisebox{6.5ex}[-6.5ex]{Montag}& 20 -- 22 & \\ \hline
\end{longtable}
\end{table}
```

Der unter der Tabelle stehende Text *Diese Tabelle steht immer am Seitenanfang* ist fest mit der Tabelle verknüpft. Dieser Text steht innerhalb der Tabellendefintion an der Stelle, die für die Tabellenunterschrift vorgesehen ist. Diese Überschrift gleitet mit der Tabelle. Die letzten drei Zeilen der Tabellendefinition lauten demnach:

```
\end{longtable}
\caption{Diese Tabelle steht immer am Seitenanfang.}
\end{table}
```

Ebenso kann eine gleitende Tabelle mit einer Überschrift versehen werden. Es gilt das, was oben zur Beschriftung von Tabellen gesagt wurde.

Montag	10 – 12	
	12 – 14	
	14 – 16	
	16 – 18	
	18 – 20	
	20 – 22	

Tabelle 4.22: Diese Tabelle steht immer am Seitenanfang.

Die Tabelle 4.22 wurde so definiert, daß sie sich stets am Seitenanfang befindet. Dazu wurde der Befehl \begin{table} um den optionalen Parameter für die Positionierung der gleitenden Tabelle ergänzt. Die erste Zeile der Tabellendefinition hat deshalb folgendes Aussehen:

```
\begin{table}[t]
```

Der Parameter *t* steht für *top* also für *oben*. Bei der Angabe dieses Parameters versucht LaTeX 2$_\varepsilon$, die gleitende Tabelle an den Anfang der Seite zu setzen. Mögliche weitere Parameter sind *b* für *bottom*, wodurch die Tabelle an das Seitenende gesetzt werden soll sowie *h* für *here*, um die Tabelle an zwischen die Textteile zu plazieren, zwischen den sie definiert wurde. Es können auch mehrere Werte angegeben werden wie z.B. [th]. Damit wird LaTeX 2$_\varepsilon$ freigestellt, die gleitende Tabelle an den Beginn der Seite oder an Ort und Stelle zu setzen. Die Reihenfolge der Parameter wird durch LaTeX 2$_\varepsilon$ allerdings nicht berücksichtigt. LaTeX 2$_\varepsilon$ wählt die typographisch zweckmäßigste Position aus.

Kapitel 5

Umgang mit Fußnoten

Es gibt wohl keine wissenschaftliche Arbeit, die nicht extensiven Gebrauch von Fuß-noten macht. Fußnoten werden verwendet, um nähere Erläuterungen zum soeben geschriebenen Text zu geben, um auf Literaturquellen zu verweisen usw. Es sei jedoch in aller Deutlichkeit gesagt, daß die Qualität einer wissenschaftlichen Arbeit nicht proportional zur Anzahl der in ihr enthaltenen Fußnoten wächst. Mit der im Kapitel 13 erläuterten Methode, auf im Literaturverzeichnis aufgeführte Werke mit einem Kurzbeleg zu verweisen, könnte auf Fußnoten gar völlig verzichtet werden. Fußnoten sollten nur dann verwendet werden, wenn zusätzliche, ergänzende Erläu-terungen gegeben werden sollen. Wenn diese Erläuterungen ihrem Inhalt nach so sind, daß ohne sie der Text nicht verständlich ist, gehören sie nicht in die Fußnoten, sondern in den laufenden Text.

In den bereits an anderen Stellen in diesem Buch erwähnten guten alten Zeiten der Schreibmaschine war es recht mühsam, mit Fußnoten zu arbeiten. Man mußte den entsprechenden Platz am Seitenende freilassen, die Nummern ständig im Au-ge behalten usw. Moderne Textverarbeitungsprogramme haben dem Umgang mit Fußnoten weitgehend den Schrecken genommen. LaTeX 2$_\varepsilon$ steht diesen Programmen in nichts nach und bietet dem Verfasser von wissenschaftlichen Publikationen eine umfangreiche und effiziente Unterstützung bei der Verwaltung und beim Setzen von Fußnoten.

Fußnoten werden in LaTeX 2$_\varepsilon$ kapitelweise verwaltet. Die Numerierung der Fußno-ten erfolgt durch LaTeX 2$_\varepsilon$ automatisch. Es bereitet also keine Probleme, zusätzliche Fußnoten vor bereits bestehende einzufügen. Die Numerierung wird stets korrekt sein. LaTeX 2$_\varepsilon$ ermöglicht auch die Verwendung von benutzerdefinierten Fußnoten-zeichen. Sie sollen jedoch im Rahmen dieses Buches nicht behandelt werden, da sie üblicherweise in wissenschaftlichen Publikationen keine Verwendung finden.

5.1 Einfügen von Fußnoten

Fußnoten werden in LaTeX 2_ε erzeugt, indem an die Stelle, an der das Fußnotenzeichen erscheinen soll, der Befehl

```
\footnote
```

gefolgt vom eigentlichen Fußnotentext in geschweiften Klammern gesetzt wird. Beispiel:

> Die Fußnote am Ende dieser Seite[1] wird erzeugt, indem dieser Satz so geschrieben wird: Die Fußnote am Ende dieser Seite`\footnote{Hier ist das Ende der Seite!}` wird erzeugt, indem der Satz so geschrieben wird:

Das Ergebnis können Sie unten auf der Seite betrachten. Der Fußnotentext erscheint zusammen mit der laufenden Nummer der Fußnote in der Schriftgröße footnotesize. Die Fußnoten werden durch eine waagerechte Linie vom Fließtext der Seite optisch abgegrenzt.

5.2 Fußnoten in „verbotenen Bereichen"

Die Überschrift dieses Abschnitts läßt schon darauf schließen, daß Fußnoten nicht an jeder Stelle des Textes erscheinen dürfen. Damit ist weniger gemeint, daß es aus gestalterischen oder typographischen Gründen nicht gestattet ist, an diese Stellen Fußnoten zu setzen, sondern, daß LaTeX 2_ε Schwierigkeiten hat, Fußnoten an bestimmten Stelle zu „verdauen". Grundsätzlich ist es nicht möglich, Fußnoten innerhalb des Befehls `\verb` oder innerhalb der verbatim-Umgebung zu verwenden. Weiterhin können Sie Fußnoten nicht innerhalb der tabular-Umgebung[2] setzen. Innerhalb der longtable-Umgebung können jedoch Fußnoten innerhalb aller Tabellenzellen verwendet werden. Darüber hinaus ist es mit der oben beschriebenen Methode nicht möglich, Fußnoten in mathematischen Formeln zu verwenden.

Um in diesen „verbotenen" Bereichen dennoch Fußnoten setzen zu können, muß man sich eines Tricks bedienen, der im folgenden beschrieben werden soll. Er besteht darin, daß man an eine solche „verbotene" Stelle ein Fußnotenzeichen setzt und außerhalb dieses Bereichs den eigentlichen Fußnotentext folgen läßt[3]. Anschließend muß durch zusätzliche Befehle dafür Sorge getragen werden, daß die Numerierung der Fußnoten nicht durcheinander gerät. Das klingt alles ziemlich kompliziert und ist sicher auch nicht ganz einfach zu handhaben. Eine andere Möglichkeit gibt es jedoch nicht. Gestatten Sie doch LaTeX 2_ε ein paar Unzulänglichkeiten!

---

[1] Hier ist das Ende der Seite!

[2] Die ohnehin wegen anderer Mängel in diesem Buch gar nicht erst besprochen wurde

[3] Um es deutlich zu machen: Der Befehl `\footnote` darf in den unerlaubten Bereichen nicht auftauchen!

Die konkrete Umsetzung des oben beschriebenen Wegs wollen wir an einem Beispiel betrachten. Es gilt den folgenden Satz zu setzen: Die Formel $a^2 + b^2 = {}^4c^2$ ist Ihnen aus dem Mathematikunterricht bekannt. Ohne jetzt den Erläuterungen des Kapitels zum Formelsatz vorgreifen zu wollen, will ich Ihnen an dieser Stelle bereits sagen, daß Formeln im sogenannten mathematischen Modus von LaTeX 2_ε erzeugt werden. Sollen Formeln innerhalb des laufenden Textes erscheinen, werden sie durch das Zeichen $ ein- und wieder ausgeleitet. Zwischen den beiden Dollarzeichen sind jedoch keine Fußnoten erlaubt. Hier müssen wir nun das oben allgemein beschriebene Verfahren anwenden.

Um innerhalb der Formel ein Fußnotenzeichen setzen zu können, schreiben wir an die Stelle, an der das Zeichen stehen soll, den Befehl

```
\footnotemark
```

Durch ihn wird später durch LaTeX 2_ε das korrekte Fußnotenzeichen erzeugt. Außerhalb des „verbotenen" Bereichs muß dann der eigentliche Fußnotentext angegeben werden. Der vollständige Beispielsatz muß also folgendermaßen aussehen:

```
Die Formel $a^2+b^2=\footnotemark c^2$ ist Ihnen aus dem Mathematik-
unterricht bekannt.
\footnotetext{Das ist ein Gleichheitszeichen}
```

Damit ist es gelungen, eine Fußnote in einem „verbotenen" Bereich zu erzeugen. Etwas schwieriger wird es, wenn Sie innerhalb eines „verbotenen" Bereichs mehr als eine Fußnote verwenden wollen oder müssen. Mit jedem footnotemark-Befehl wird der interne Zähler für Fußnoten durch LaTeX 2_ε um Eins erhöht. Da der eigentliche Fußnotentext jedoch nicht unmittelbar dem Fußnotenzeichen folgen muß, sondern durch weitere Fußnotenzeichen von „seinem" Fußnotenzeichen getrennt sein kann, gerät die interne Zählweise in LaTeX 2_ε durcheinander. LaTeX 2_ε muß zwangsläufig die nötige Intelligenz fehlen, um feststellen zu können, welcher Fußnotentext zu welchem Fußnotenzeichen gehört. Hier müssen Sie als Anwender helfend und korrigierend eingreifen. Betrachten wir den folgenden Beispielsatz:

Ein Bruch besteht wie in der Formel $v = \dfrac{s^5}{t^6}$ aus einem Zähler und einem Nenner.

Damit in der Fußzeile die Fußnotentexte zusammen mit den korrekten Fußnotenzeichen erscheinen, müssen wir – wie bereits angedeutet – LaTeX 2_ε helfen. Würden wir jetzt die Fußnotentexte so wie oben gezeigt setzen, hätten beide Fußnotenzeichen in der Fußzeile die gleiche, nämlich die bis zu diesem Zeitpunkt höchste Fußnotenziffer. Wir haben bereits oben festgestellt, daß durch jeden footnotemark-Befehl der interne Zähler für die Fußnotennumerierung um Eins erhöht wird. Aus diesem Grund müssen wir den Zähler manipulieren. Wir gehen dabei so vor, daß wir den Fußnotenzähler gewissermaßen manuell um Eins verringern und anschließend den Fußnotentext des vorletzten Fußnotenzeichens eingeben. Danach erhöhen

---

[4] Das ist ein Gleichheitszeichen

wir die Fußnotennummer wiederum manuell um Eins und geben den Fußtnotentext des letzten Fußnotenzeichens ein. Damit müßte der Beispielsatz folgendermaßen erzeugt werden[7]:

```
Ein Bruch besteht wie in der Formel $v=\frac{s\footnotemark}{t\
footnotemark}$ aus einem Zähler und einem Nenner.
\addtocounter{footnote}{-1}\footnotetext{Das ist der Zähler}
\addtocounter{footnote}{1}\footnotetext{Das ist der Nenner}
```

Mit dem Befehl `\addtocounter` können in LaTeX 2_ε die internen Zähler für die „zählbaren" Bereiche wie Fußnoten, Kapitelnummern u.ä. manipuliert werden. Diesem Befehl wird als erstes Argument in geschweiften Klammern die Bezeichnung des zu manipulierenden Zählers übergeben. In unserem Fall ist es das Argument `{footnote}`. Das zweite Argument, das ebenfalls in geschweiften Klammern übergeben wird, ist der Wert, um den der Zählerstand verändert werden soll.

Die für die Manipulation des Zählers der Fußnotennummern verantwortlichen Befehle sollten unmittelbar nach dem Ende des für Fußnoten „verbotenen" Bereichs stehen, um zu verhindern, daß zwischen sie und die zu ihnen gehörenden Fußnotenzeichen weitere Fußnoten gelangen, die zu einer falschen Numerierung führen würden. Lassen Sie sich bitte nicht von der scheinbar komplizierten Erzeugung von Fußnoten in „verbotenen" Bereichen beeindrucken. Bei genauerer Betrachtung läßt sich auch bei diesem Verfahren eine leicht nachvollziehbare „Technologie" erkennen.

---

[5] Das ist der Zähler

[6] Das ist der Nenner

[7] Lassen Sie sich von dem Ihnen noch unbekannten Befehl für das Erzeugen eines Bruchs nicht beeindrucken. Sie werden ihn im Kapitel 6 ausführlich erläutert bekommen

Kapitel 6

Formeln für Alle

In diesem und dem nächsten Kapitel wollen wir uns mit dem Setzen von Formeln befassen. Wenn Sie bis zu diesem Moment bedauert haben, daß Sie sich überhaupt darauf eingelassen haben, sich mit LaTeX 2ε zu beschäftigen, werden Sie von nun an helle Begeisterung für diese Art des Textsatzes empfinden. Man kann ohne Übertreibung sagen, daß kein anderes Computersatzprogramm auch nur annähernd so einfach und doch mächtig den Satz von komplizierten Formeln beherrscht, wie das Gespann aus TeX und LaTeX 2ε.

In diesem Kapitel soll der Satz von Formeln beschrieben werden, die quasi jeder gebrauchen kann. Sie erfahren alles über die LaTeX-eigenen Mittel zum Erstellen von mathematischen Formeln.

Mathematische Formeln werden in LaTeX 2ε im sogenannten mathematischen Modus gesetzt, in den mit speziellen Befehlen umgeschaltet werden muß. Welcher Befehl verwendet wird, hängt davon ab, ob sich eine Formel innerhalb des Fließtextes befindet oder frei stehend vom Fließtext abgesetzt dargestellt wird.

Soll eine Formel innerhalb des Fließtextes gesetzt werden, wird sie durch das Zeichen \$ ein- und ausgeleitet. Man spricht auch davon, daß durch das Dollarzeichen in den mathematischen Modus von LaTeX 2ε und zurückgeschaltet wird[1].

Um eine abgesetzte Formel – also eine außerhalb des Fließtextes stehende Formel – zu erzeugen, muß sie innerhalb einer Umgebung gesetzt werden, die durch die Befehle

```
\begin{displaymath}
```

und

```
\end{displaymath}
```

gebildet wird. Alternativ dazu kann die Umgebung auch durch die Befehle

---

[1] Sie haben dieses Verfahren bereits im Kapitel 5 bei der Erläuterung der Verwendung von Fußnoten in „verbotenen" Bereichen kennengelernt

```
\[
```

und

```
\]
```

definiert werden.

6.1 Erzeugung einfacher Formeln

6.1.1 Die Grundrechenoperationen

Die für die Grundrechenoperationen Addition, Subtraktion, Division und Multiplikation notwendigen Zeichen können Sie so, wie Sie es aus anderen Programmen gewohnt sind, eingeben. Die Formel

$$a + b = c$$

würde in den laufenden Fließtext dann so eingegeben werden:

```
$a+b=c$
```

Wenn Sie sich die Formel in der Vorschau ansehen, werden Sie gut erkennen, daß LaTeX 2_ε die Variablen im mathematischen Modus automatisch kursiv setzt.

6.1.2 Vergleichsoperatoren und Klammern

Zum Setzen der Formeln stehen Ihnen die Vergleichsoperatoren zur Verfügung, die im Anhang D gezeigt werden. Wie Klammersymbole erzeugt werden entnehmen Sie bitte der Tabelle auf der Seite 216. Das gilt auch für das Apostroph, das insbesondere für die Darstellung von Differentialfunktionen und Ableitungen Verwendung findet. Die Formel

$$f'(x) = 2y$$

wird also einfach erzeugt, indem folgendes eingeben wird:

```
$f'(x)=2y$
```

6.1.3 Erzeugung von Potenzen

Zum Erzeugen von Potenzen wie in x^2 wird das Zeichen ^ verwendet. Sie müssen sich beim Setzen von Potenzen keine Gedanken um die Größe der hochgestellten Zeichen machen. Sie wird durch LaTeX 2_ε gewählt. Die oben gezeigte Potenz wird durch

```
$x^2$
```

erzeugt. Beachten Sie bitte, daß durch das Zeichen ^ nur das Zeichen zum Exponenten erhoben wird, das ihm unmittelbar folgt. Soll der Exponent aus mehreren Zeichen bestehen, müssen alle diese Zeichen durch ein Paar geschweifter Klammern gebunden werden. Aus

```
$x^{2y}$
```

wird

$$x^{2y}$$

während aus

```
$x^2y$
```

nur

$$x^2y$$

wird.

6.1.4 Erzeugung von Wurzelausdrücken

Wurzelausdrücke werden in LaTeX 2_ε durch den Befehl

```
\sqrt
```

erzeugt, dem in geschweiften Klammern das Wurzelargument folgt. Sehen wir uns als Beispiel den Satz von Pythagoras an: $c = \sqrt{a^2 + b^2}$. In der Sprache von LaTeX 2_ε lautet die Schreibweise dieser Formel:

```
$c=\sqrt{a^2+b^2}$
```

Obgleich die Bezeichnung des sqrt-Befehls die Abkürzung von squareroot also Quadratwurzel ist, lassen sich mit einer geringen Modifikation auch Wurzeln anderen Grades erzeugen. Dazu wird dem Befehl vor dem Wurzelargument der Grad in eckigen Klammern übergeben. Die Formel $a = \sqrt[3]{b}$ entsteht demzuzfolge aus:

```
$a=\sqrt[3]{b}$
```

6.1.5 Erzeugung von Indizes

Die Struktur von Ausdrücken mit einem Index ähnelt der zur Darstellung von Potenzen. Auch hier wählt LaTeX 2_ε für Sie die richtige Zeichengröße für die Zeichen des Indexes aus. Zum Erzeugen indizierter Ausdrücke wird das Zeichen _ verwendet, das Ihnen als Unterstreichungszeichen bekannt sein wird. Der Ausdruck

$$x_1$$

entsteht folglich aus

```
$x_1$
```

Soll der Index aus mehr als nur einem Zeichen bestehen, müssen alle Zeichen des Indexes innerhalb geschweifter Klammern stehen. Aus

```
$V_{max}$
```

entsteht demzufolge

$$V_{max}$$

6.1.6   Erzeugung von Integralen

Was die Erzeugung von Integralen in LaTeX 2_ε anbetrifft, so stellen sie gewissermaßen die Verknüpfungen von Potenzen und Indizes bzw. hoch- und tiefgestellten Zeichen dar. Ein Integralzeichen wird durch den Befehl

```
\int
```

erzeugt, an den nach den Zeichen ^ und _ die Ober- und Untergrenzen „gehängt" werden. Das Integral

$$\int_0^1$$

entsteht aus

```
$\int_0^1$
```

Standardmäßig werden die Grenzen des Integrals sowohl innerhalb eines Fließtextes als auch in einer frei stehenden Formel neben das Integralzeichen gesetzt. Wollen Sie in einer abgesetzten Formel die Grenzen über das Integralzeichen setzen, müssen Sie an den Befehl

```
\int
```

den Befehl

```
\limits
```

setzen. Die oben gezeigte Formel würde so aussehen::

$$\int\limits_0^1$$

und durch den Befehl

```
\int\limits_0^1
```

erzeugt werden.

6.1.7 Erzeugung von Summenzeichen

Von der Struktur her gesehen, entspricht der Ausdruck zum Erzeugen des Summenzeichens dem zur Generierung von Integralen. In diesem Fall wird: lediglich der Befehl

```
\sum
```

verwendet. Das Zeichen $\sum_{i=0}^{n}$ entsteht durch

```
\sum_{i=1}^n$
```

Weiterhin gilt zur Darstellung der Grenzen das, was bei der Erläuterung des Integralzeichens gesagt wurde.

Neben dem Summen- und und dem Integralzeichen kennt die Mathematik weitere Ausdrücke oder Operationszeichen, die eine oder zwei Grenzen optional enthalten können. Deren Grenzen werden ebenfalls durch die Zeichen _ und ^ definiert. Sie finden eine vollständige Aufstellung aller Operatoren im Anhang D.5 auf der Seite 215.

6.1.8 Erzeugung von Brüchen

Erste Bekanntschaft mit einem Bruch haben Sie bei der Besprechung der Erzeugung von Fußnoten gemacht. Vielleicht erinnern Sie sich noch an den Befehl

```
\frac
```

Mit ihm werden Brüche erzeugt, indem ihm jeweils in geschweiften Klammern der Zähler und der Nenner als Argumente übergeben werden. Die Formel für die Berechnung einer gleichförmigen Geschwindigkeit $v = \frac{s}{t}$ entsteht in LaTeX 2_ε durch den Ausdruck:

```
$v=\frac{s}{t}$
```

Mitunter ist es jedoch ausreichend, zur Darstellung von Brüchen das Zeichen / als Bruchstrich zu verwenden. Das betrifft insbesondere einfache, im Fließtext stehende Brüche.

Bevor wir uns komplizierteren Formeln zuwenden, sollen Sie Gelegenheit erhalten, das bisher in diesem Kapitel erworbene Wissen in einigen kleinen Übungen anzuwenden und unter Umständen einige Abschnitte zur Vertiefung erneut zu lesen. Erzeugen Sie die Formeln der einzelnen Aufgaben in jeweils eigenen Umgebungen, die Sie entweder durch die Befehle \begin{displaymath} und \end{displaymath} oder durch \[und \] bilden. Mehrere Formeln dürfen nicht in einer solchen Umgebung erscheinen! Viele der oben beschriebenen Befehle können auch verschachtelt sein. Wurzeln innerhalb einer Wurzel sind also durchaus auch in LaTeX 2_ε möglich. Für das Lösen der unten stehenden Aufgaben benötigen Sie auch Wissen, das Ihnen in den vorangegangenen Kapiteln vermittelt wurde. Das betrifft insbesondere die

Erzeugung von Sonderzeichen wie den griechischen Buchstaben u.ä. Bei Problemen sollten Sie einen Blick in das Kapitel 3 oder in den Anhang D werfen, wo Sie auch die Syntax für die Darstellung von Winkelfunktionen finden.

Aufgabe 6.1: Erzeugen Sie die Formeln: $1 + 2 = 3$, $2 = \sqrt{4}$, $v = a^3$.

Aufgabe 6.2: Setzen Sie die Formel:

$$\omega^2 = c^2(k_x^2 + k_y^2 + k_z^2)$$

Aufgabe 6.3: Generieren Sie die Formel:

$$E_i = -\frac{D_{0i}}{2 + \varepsilon^{(i)}}$$

Aufgabe 6.4: Schreiben Sie die Formel:

$$\varphi = \frac{\varepsilon}{\sqrt{\varepsilon^{(x)}\varepsilon^{(y)}\varepsilon^{(z)}}}$$

Aufgabe 6.5: Zum Abschluß versuchen Sie sich bitte an der folgenden Phantasieformel:

$$a = \frac{\int_0^8 + \sum_{i=0}^{12} x_i^2}{\sqrt[5]{a^2} + \sqrt{xy}}$$

6.2   Klammern in mathematischen Formeln

In der Mathematik muß eine bestimmte Reihenfolge von verschiedenartigsten Operationen streng eingehalten werden, um korrekte Ergebnisse zu erhalten. So werden in einer Formel zunächst alle Multiplikationen und dann alle Additionen durchgeführt. Soll von dieser Regel abgewichen werden, sollen also beispielsweise bestimmte Ausdrücke vor einer Multiplikation zunächst durch eine Addition zusammengefaßt werden, müssen diese Ausdrücke durch eine Klammer zu einer Einheit zusammengefaßt werden. Sie können in LaTeX 2$_\varepsilon$ alle Ihnen bekannten Klammerzeichen verwenden. Eine Aufstellung aller Klammersymbole finden Sie auf der Seite 216.

LaTeX 2$_\varepsilon$ gestattet Ihnen auf unkomplizierte Weise das Erzeugen von Klammern, die sich über mehrere Zeilen erstrecken, also beispielsweise – wie unten zu sehen – einen vollständigen Bruch einschließen.

$$a = \left(\frac{f}{g}\right)$$

Um solche Klammern zu generieren, setzen Sie vor das entsprechende Klammersymbol einfach den Befehl

```
\left
```

wenn es sich um eine öffnende Klammer bzw. den Befehl

```
\right
```

wenn es sich um eine schließende Klammer handelt. Das oben gezeigte Beispiel entsteht also aus:

```
\[a=\left(\frac{f}{g}\right)\]
```

Aufgabe 6.6: Zum Üben des Umgangs mit Klammern und den anderen bisher besprochenen Formelelementen sollten Sie sich an der folgenden Formel versuchen:

$$p' = \left(\frac{\delta p}{\delta \varrho}\right)_S \varrho'$$

Aufgabe 6.7: Etwas schwieriger wird dann diese Formel:

$$u_{2,3} = \frac{1}{2}\left\{\sqrt{u_0^2 + \frac{H^2}{4\pi\varrho} + \frac{H_x u_0}{\sqrt{\pi\varrho}}} \pm \sqrt{u_0^2 + \frac{H^2}{4\pi\varrho} - \frac{H_x u_0}{\sqrt{\pi\varrho}}}\right\}$$

Die einzige Gefahr beim Erzeugen solcher Formeln besteht darin, daß man den Überblick über die zu setzenden Klammern verliert. Vielleicht ist es daher auch Ihnen hilfreich, wenn Sie beim Schreiben eines Befehl, dem ein Ausdruck in geschweiften Klammern übergeben werden soll, sogleich ein leeres Klammerpaar folgen lassen, in das Sie dann die notwendigen Ausdrücke eintragen. Allerdings wird Sie LaTeX 2_ε beim Setzen des Textes auf fehlende Klammern hinweisen und einen Vorschlag machen, wo die fehlende Klammer zu setzen ist. In der Regel stimmen diese Vorschläge auch. Die hier beschriebene Methode zum Erzeugen großer Klammersymbole kann mit allen Symbolen angewandt werden, die im Anhang D.7 auf der Seite 216 aufgeführt werden.

6.3 Erzeugung von Matrizen

Nachdem wir erläutert haben, wie große Klammern zu generieren sind, können wir uns dem Gestalten von Matrizen zuwenden, die ohne solche Klammern bzw. klammernde Zeichen nicht denkbar sind. Gleichzeitig benötigen wir die Kenntnisse aus dem Kapitel über den Umgang mit Tabellen, denn Matrizen besitzen eine tabellenähnliche Struktur[2]. Wir wollen die unten gezeigte Matrize Schritt für Schritt zusammen erzeugen.

---

[2] Sie bestehen aus Spalten und Zeilen.

$$\left| \begin{array}{ccc} x_{11} & x_{12} & x_{13} \\ x_{21} & x_{22} & x_{23} \\ x_{31} & x_{32} & x_{33} \\ x_{41} & x_{42} & x_{43} \end{array} \right|$$

Wir haben es mit einer Matrize mit drei Spalten und vier Zeilen zu tun. Diese tabellenähnliche Struktur erzeugen wir mit der Umgebung

```
\array
```

deren Syntax der longtable-Umgebung ähnelt. Das bedeutet, daß wir, um drei zentrierte Spalten zu definieren, die gesamte Befehlsfolge mit

```
\begin{array}{ccc}
```

beginnen. Davor müssen wir zur Kenntlichmachung einer abgesetzten Formel den Befehl

```
\[
```

setzen. In den nächsten Zeilen folgt dann der eigentliche Inhalt der Matrix, die durch den Befehl

```
\end{array}
```

beendet wird. Um vom mathematischen Modus wieder in den Textmodus von LaTeX 2_ε umzuschalten, dürfen Sie den Befehl

```
\]
```

nicht vergessen. Damit hätten wir die Matrix definiert. Allerdings würde sie noch ohn e die Klammersymbole gedruckt werden. Um sie zu setzen, muß vor den Befehl

```
\begin{array}
```

der Befehl

```
\left\|
```

gesetzt werden. Nach dem Befehl

```
\end{array}
```

muß das schließende Klammersymbol \right\| folgen, um die Klammer zu schließen. Die gesamte Matrizendefinition hat dann folgendes Aussehen:

```
\[\left| \begin{array}{ccc}
x_{11} & x_{12} & x_{13} \\
x_{21} & x_{22} & x_{23} \\
x_{31} & x_{32} & x_{33} \\
x_{41} & x_{42} & x_{43} \\
\end{array} \right| \]
```

Wir wollen diese Matrix in die folgende Struktur umwandeln.

$$\left| \begin{array}{ccccc}
x_{11} & x_{12} & x_{13} & \cdots & x_{1n} \\
x_{21} & x_{22} & x_{23} & \cdots & x_{2n} \\
x_{31} & x_{32} & x_{33} & \cdots & x_{3n} \\
\multicolumn{5}{c}{\dotfill} \\
x_{n1} & x_{n2} & x_{n3} & \cdots & x_{nn}
\end{array} \right|$$

Die Pünktchen, die den Bereich zwischen dem 3. und dem n-ten Element jeder Zeile symbolisieren werden durch den Befehl

> `\cdots`

erzeugt. Wichtig ist, daß für diesen Bereich eine eigene Spalte reserviert werden muß[3]. Damit haben wir insgesamt fünf Spalten. Für das Erzeugen der vierten Zeile benötigen Sie wiederum Ihre Kenntnisse zum Umgang mit Tabellen. Diese Zeile entsteht, indem die fünf Spalten der Matrix zu einer zentriert ausgerichteten Spalte zusammengefaßt werden. Diese Spalte wird durch den Befehl

> `\dotfill`

mit Pünktchen gefüllt. Mit diesen Erläuterungen sollten Sie folgende Definition verstehen können:

```
\[\left| \begin{array}{ccccc}
x_{11} & x_{12} & x_{13} & \cdots & x_{1n} \\
x_{21} & x_{22} & x_{23} & \cdots & x_{2n} \\
x_{31} & x_{32} & x_{33} & \cdots & x_{3n} \\
\multicolumn{5}{c}{\dotfill}\\
x_{n1} & x_{n2} & x_{n3} & \cdots & x_{nn} \\
\end{array} \right| \]
```

Für die Darstellung von Matrizen benötigt man jedoch neben horizontal verlaufenden auch vertikal und diagonal verlaufende Punkte. Sie werden durch die Befehle

> `\vdots`

für $\vdots$ und

---

[3] Würden wir eine Matrix erzeugen, in denen zwischen den einzelnen Elementen jeder Zeile beispielsweise das Zeichen + stehen würde, müßte es ebenfalls in einer eigenen Spalte stehen!

> `\ldots`

für ... erzeugt.

Aufgabe 6.8: Doch nun ist die Reihe wieder an Ihnen. Versuchen Sie sich an der Gestaltung der folgenden Matrizen:

$$\begin{pmatrix} x_{11} & x_{12} & x_{13} & \cdots & x_{1n} \\ x_{21} & x_{22} & x_{23} & \cdots & x_{2n} \\ x_{31} & x_{32} & x_{33} & \cdots & x_{3n} \\ \vdots & \vdots & \vdots & \vdots & \vdots \\ x_{n1} & x_{n2} & x_{n3} & \cdots & x_{nn} \end{pmatrix}$$

$$\begin{pmatrix} x_{11} & + & x_{12} & + & x_{13} & + & \cdots & + & x_{1n} & = & y_1 \\ x_{21} & + & x_{22} & + & x_{23} & + & \cdots & + & x_{2n} & = & y_2 \\ x_{31} & + & x_{32} & + & x_{33} & + & \cdots & + & x_{3n} & = & y_3 \\ \hdotsfor{11} \\ x_{n1} & & x_{n2} & & x_{n3} & + & \cdots & + & x_{nn} & = & y_n \end{pmatrix}$$

6.4 Setzen von Funktionen

In der Typographie haben sich für das Setzen der Bezeichnung von Winkelfunktionen, Grenzwerten usw. bestimmte Regeln herausgebildet, die durch LaTeX 2_ε unterstützt werden. Um zu verhindern, daß die Bezeichnungen der Funktionen kursiv gesetzt werden, sollte man darauf verzichten, die Namen der Winkelfunktionen in mathematischen Formeln zu verwenden, wie man es in der Schule gelernt hat. Der Ausdruck `a= sin x` würde durch LaTeX 2_ε zu: $a = sinx$ werden, müßte aber wie $a = \sin x$ aussehen. Deshalb muß der Befehl

> `\sin`

verwendet werden. Eine vollständige Aufstellung aller durch LaTeX 2_ε unterstützten Funktionsbezeichnungen entnehmen Sie bitte der Aufstellung im Anhang D.3 auf der Seite 214.

Aufgabe 6.9: Mit diesem Wissen ausgestattet, sollen Sie nun wiederum das Gestalten von Formeln üben. Erzeugen Sie die folgenden Formeln:

$$E_x = A_1 \cos k_x \sin k_y y \sin k_z e^{-i\omega t}$$

$$E = \frac{A}{f^{1/4}} \cos \left(\int\limits_0^z \sqrt{f} dz + \frac{\pi}{4} \right)$$

6.5 Akzente in mathematischen Formeln

Wenn ich in diesem Kapitel von Akzenten spreche, meine ich damit Zeichen, die in mathematischen Formeln verwendet werden und die Struktur von gewöhnlichen Zeichen mit Akzenten aufweisen. Sie finden diese Zeichen im Anhang D.10 auf der Seite 217. Ein Beispiel für die Anwendung dieser Zeichen finden Sie in der Formel

$$L = -\frac{\delta \tilde{F}}{\delta \Omega}$$

Das Zeichen F mit der Tilde wird durch den Befehl

```
\tilde{F}
```

erzeugt. Nach dem gleichen Prinzip werden auch die anderen mathematischen Akzente verwendet: Dem Befehl für ihre Erzeugung folgt in geschweiften Klammern das Zeichen, auf dem Sie erscheinen sollen.

Neben diesen in LaTeX 2_ε definierten Zeichen, können Sie eigene übereinander liegende bzw. „gestapelte" Zeichen durch den Befehl

```
\stackrel
```

erzeugen, dem jeweils in geschweiften Klammern die Zeichen übergeben werden, die oben und unten stehen sollen. Das Zeichen $\stackrel{a}{\rightarrow}$ entsteht durch den Befehl:

```
$\stackrel{a}{\rightarrow}$
```

6.6 Ausrichtung von Formeln

Wenn wir von der Ausrichtung der Formeln sprechen, sind damit nur die frei stehenden Formeln gemeint. Beim Betrachten der Übungs- und Beispielformeln wird Ihnen sicher aufgefallen sein, daß sie zentriert dargestellt werden. Das ist die standardmäßig durch LaTeX 2_ε verwendete Ausrichtung für abgesetzte Formeln. LaTeX 2_ε gestattet auch das linksbündige Ausrichten von abgesetzte Formeln. Dazu wird in der Präambel des Dokuments der Befehl documentclass wie folgt geändert:

```
\documentclass[fleqn]{book}
```
Durch die Option fleqn

werden alle abgesetzten Formeln des Textes am linken Seitenrand ausgerichtet.

6.7 Numerierung von Formeln

In wissenschaftlichen Arbeiten und Publikationen werden Formeln häufig mit einer laufenden Nummer versehen. Das erleichtert die Übersichtlichkeit und vor allen Dingen das Verweisen[4] auf eine bestimmte Formel, wenn man sie mit einer Nummer

---

[4] Mit dem Thema *Querverweise* werden wir uns im Kapitel 11 beschäftigen.

eindeutig identifizieren kann. LATEX 2$_\varepsilon$ unterstützt das Numerieren von Formeln. Jeder Formel wird dabei eine Nummer zugeordnet, die aus der Kapitelnummer und der laufenden Formelnummer des aktuellen Kapitels besteht. Ein Beispiel für eine numerierte Formel sehen Sie unten:

$$E = \frac{A}{f^{1/4}} \cos\left(\int\limits_0^z \sqrt{f}\,dz + \frac{\pi}{4}\right) \tag{6.1}$$

Um eine abgesetzte Formel numerieren zu können, muß sie in eine Umgebung gestellt werden, die durch die Befehle

```
\begin{equation}
```

und

```
\end{equation}
```

gebildet wird. Diese Befehle ersetzen gewissermaßen die Befehle, die wir bisher zum Erzeugen der Umgebungen für frei stehende Formeln verwendet haben. Die Numerierung bezieht sich nur auf die Formeln, die in einer equation-Umgebung stehen. Alle anderen Formeln werden in die Numerierung nicht einbezogen. Das können Sie auch gut am oben gezeigten Beispiel erkennen: Obgleich vor dieser Formel mehrere frei stehende Formeln stehen, lautet die Nummer der Formel (6.1). Die Formelnummer werden durch LATEX 2$_\varepsilon$ standardmäßig am rechten Seitenrand ausgerichtet. Wenn Sie eine Ausrichtung am linken Seitenrand wünschen, müssen Sie in der Präambel Ihres Dokuments den documentclass-Befehl durch den optionalen Parameter leqn ergänzen. Er würde demnach so aussehen:

```
\documentclass[leqno]{book}
```

Diese Variante sollten Sie allerdings vermeiden, wenn Sie auch die Formeln selbst linksbündig ausrichten.

6.8 Ausrichtung mehrzeiliger Formeln

Mit den bisher besprochenen Umgebungen für das Erzeugen frei stehender Formeln lassen sich nur einzeilige Formeln erzeugen. Lange Formeln werden durch LATEX 2$_\varepsilon$ in diesen Umgebungen nicht umgebrochen. Zeilenumbrüche müssen durch den Befehl

```
\\
```

manuell festgelegt werden. Das ist allerdings nicht innerhalb der bisher in diesem Kapitel besprochenen Umgebungen möglich. Für das Erzeugen mehrzeiliger

Formeln stellt LaTeX 2_ε die Umgebungen **eqnarray** und **eqnarray*** bereit. Beide Umgebungen unterscheiden sich dadurch, daß die Variante mit dem Zeichen * keine Formelnummern erzeugt.

Die Zeichenkette **array** innerhalb des Befehls **eqnarray** weist uns darauf hin, daß wir es wiederum mit einer tabellenähnlichen Struktur zu tun haben. Um mehrzeilige Formeln exakt untereinander ausrichten zu können, wird eine Formel in Einzelelemente oder, wenn Sie so wollen, in Spalten und Zeilen zerlegt. Die mittlere Spalte wird durch LaTeX 2_ε zentriert ausgerichtet. Sehen Sie sich dazu das folgende Beispiel an:

$$a^2 + b^2 = c^2$$
$$c = \sqrt{a^2 + b^2}$$

Das zentrierte Element ist hier das Gleichheitszeichen, um das die linke und die rechte Formelseite gruppiert sind. Lassen Sie uns vor weiteren Erläuterungen einen Blick auf die Definition dieser zweizeiligen Herleitung werfen:

```
\begin{eqnarray*}
a^2 + b^2 & = & c^2\\
c& = & \sqrt{a^2 + b^2}
\end{eqnarray*}
```

Wir haben eine tabellenähnliche Struktur definiert, die aus drei Spalten und zwei Zeilen besteht. Die einzelnen Spalten werden wie bei einer gewöhnlichen Tabelle durch das Zeichen & voneinander getrennt. Wie bei einer Tabelle wird das Zeilenende durch den Befehl

markiert. In beiden Zeilen befindet sich das Gleichheitszeichen in der zweiten, also in der mittleren, Spalte und wird demzufolge durch LaTeX 2_ε zentriert ausgerichtet. Durch die Wahl der Umgebung **eqnarray*** wird die Numerierung der Formel unterdrückt. Würden wir die Umgebung **eqnarray** wählen, erhielten wir folgendes Aussehen:

$$a^2 + b^2 = c^2 \tag{6.2}$$
$$c = \sqrt{a^2 + b^2} \tag{6.3}$$

Jede Zeile der Formel wird mit einer eigenen Nummer versehen. Wollen Sie in einer längeren Herleitung einer Formel nicht jede einzelne Zeile, sondern nur die letzte Zeile numerieren, können Sie die Ausgabe von Nummern unterdrücken, indem Sie in den entsprechenden Zeilen vor das Zeichen \\ den Befehl

```
\nonumber
```

setzen. Das oben gezeigte Beispiel könnte dann durch die Definition:

```
\begin{eqnarray}
a^2 + b^2 & = & c^2 \nonumber \\
c& = & \sqrt{a^2 + b^2}
\end{eqnarray}
```

so aussehen:

$$
\begin{aligned}
a^2 + b^2 &= c^2 \\
c &= \sqrt{a^2 + b^2}
\end{aligned}
\tag{6.4}
$$

Wenn Sie sich die letzte Formelnummer ansehen und mit den Nummern weiter oben vergleichen, werden Sie leicht erkennen, daß in der vorletzten Formelzeile die Formelnummer nicht nur nicht ausgegeben wurde, sondern daß diese Zeile auch intern durch LaTeX 2_ε nicht in die Numerierung einbezogen wurde.

6.9　Text in Formeln

Häufig sollen innerhalb einer Formel erläuternde Textteile stehen. Soll beispielsweise der Satz erzeugt werden: Wenn $a = b$ und $a = c$, dann $b = c$, ist das im Textmodus nicht weiter schwierig, da die einzelnen Formelelemente durch zwei Dollarzeichen kenntlich gemacht werden können. Schwieriger ist es da schon in einer abgesetzten Formel. Alle Buchstaben würden durch LaTeX 2_ε als Teil der Formel interpretiert und entsprechend kursiv gesetzt werden. Um dem Beispielsatz folgendes Aussehen zu geben:

$$\text{Wenn} \quad a = b \quad \text{und} \quad a = c \quad \text{dann gilt} \quad b = c$$

müssen wir uns an die Befehle \mbox und \quad bzw. \qquad erinnern. Den Befehl \mbox verwenden wir, um innerhalb einer frei abgesetzten Formel „normalen" Text einzugeben. Die beiden anderen Befehle können verwendet werden, um Zwischenraum zwischen den Text und die Formelelemente einzufügen. Die oben gezeigte abgesetzte Formel wurde mit folgender Anweisung gesetzt:

```
\[\mbox{Wenn}\quad a=b \quad \ mbox{und}\quad a=c \quad\mbox{dann
gilt}\quad b=c\]
```

Diese Befehle können auch gut verwendet werden, wenn zwei kurze Formeln nebeneinander gesetzt werden sollen. Die Formel:

$$v = v_0 \left(1 - \frac{z^2}{a^2}\right), \qquad \bar{v} = -\frac{dP}{dx}\frac{a^2}{3\eta}$$

entsteht, indem zwischen die beiden Formeln die Befehle

```
\mbox{,}
```

zum Erzeugen des Kommas und

```
\qquad
```

zum Erzeugen des Zwischenraums zwischen den beiden Formeln verwendet wird.

Aufgabe 6.10: Sie sollen nun erneut Gelegenheit erhalten, das bisher erworbene Wissen zu üben. Sollten Sie Probleme haben, die Lösungen zu verstehen, lesen Sie bitte nochmals die entsprechenden Abschnitte dieses Kapitels.

$$\frac{\delta H}{\delta t} + \frac{\delta(v_x H)}{\delta x} = 0, \tag{6.5}$$

$$\frac{\delta \varrho}{\delta t} + \frac{\delta(v_x \varrho)}{\delta x} = 0, \tag{6.6}$$

$$\frac{\delta v_x}{\delta t} + v_x \frac{\delta v_x}{\delta x} + \frac{1}{8\pi\varrho} \frac{\delta H2}{\delta x} = -\frac{1}{\varrho} \frac{\delta p}{\delta x} \tag{6.7}$$

6.10 Formatierung von Formelzeichen

6.10.1 Fette und kursive Zeichen

Auch in Formeln ist es üblich, Zeichen fett zu drucken. Allerdings funktioniert der Ihnen bereits bekannte Befehl

```
\textbf
```

nicht im mathematischen Modus. Für dessen Aufgabe ist der Befehl

```
\mathbf
```

vorgesehen. Die Formel

$$\mathbf{A} = x + y$$

entsteht also aus:

```
$\mathbf{A}= x + y$
```

Um kursive Zeichen in Formeln verwenden zu können, hält LaTeX 2_ε den Befehl

```
\mathit
```

bereit. Ihm werden als Argument in geschweiften Klammern die Zeichen übergeben, die kursiv gesetzt werden

6.10.2 Kalligraphische Zeichen

Die in Formeln mitunter zum Einsatz kommenden kalligraphischen Zeichen wie in
$\mathcal{KALLIGRAPHIE}$ sind ebenfalls nur im mathematischen Modus und ebenfalls nur
als Großbuchstaben möglich. Sie werden durch den Befehl

```
\mathcal
```

gebildet, dem in geschweiften Klammern das oder die Zeichen als Argument übergeben werden, die als kalligraphische Zeichen gesetzt werden sollen.

Kapitel 7

Formeln für die, die mehr brauchen

Obgleich LaTeX 2_ε über beeindruckende und vergleichsweise schnell zu erlernende Mittel zum Gestalten von mathematischen Formeln verfügt, reichen sie für bestimmte Zwecke immer noch nicht aus. Die *American Mathematical Society* hat deshalb ein Makropaket entwickelt, das die Möglichkeiten von LaTeX 2_ε im Formelsatz stark erweitert und zum Teil das Erzeugen von Formeln auch vereinfacht. Dieses Paket wurde durch die American Mathematical Society unter der Bezeichnung $\mathcal{AMS}$-LaTeX den Nutzern von LaTeX 2_ε zur Verfügung gestellt. $\mathcal{AMS}$-LaTeX besteht aus einer Reihe von Zusatzpaketen, die jeweils für bestimmte Gestaltungselemente verantwortlich sind und innerhalb der Anweisung usepackage geladen werden müssen. Die Bezeichnungen und Funktionen der einzelnen Pakete werden Sie im Verlaufe dieses Kapitels kennenlernen. Wir werden die einzelnen Pakete erst dann in unser Dokument einbinden, wenn Funktionen aus ihnen tatsächlich benötigt werden.

Ich will an dieser Stelle unterstreichen, daß für viele Zwecke die Formelsatzmöglichkeiten von LaTeX 2_ε vollkommen ausreichend sind. Dieses Kapitel ist für diejenigen gedacht, die an die Grenzen des Formelsatzes von LaTeX 2_ε gestoßen sind und nach Erweiterungsmöglichkeiten suchen. Zu diesen Erweiterungen gehören:

- Verbesserungen beim Umgang mit mehrzeiligen Formeln

- Verbesserungen bei der Ausrichtung von Formeln

- Erweiterte Möglichkeiten bei der Numerierung von Formeln[1]

- Vereinfachung der Verwendung von Texten in abgesetzten Formeln

---

[1] Formeln können nunmehr abschnittsweise numeriert werden. Es sind Formelnummern wie 3.4a, 3.4b usw. möglich

7.1 Numerierung von Formeln

Mit den LaTeX-eigenen Mitteln werden, wie im vorhergehenden Kapiteln gesagt, Formeln numeriert, indem sie in eine eqnarray-Umgebung gestellt werden. Die Numerierung erfolgt dabei immer kapitelweise, d.h., daß sich eine Formelnummer immer aus der aktuellen Kapitelnummer und der laufenden Formelnummer zusammensetzt. Mit $\mathcal{AMS}$-LaTeX haben Sie die Möglichkeit, die Numerierung nach einem beliebigen Gliederungsabschnitt, also nach einem section-, subsection-Befehl usw. neu zu beginnen. Dazu verwenden Sie den Befehl

```
\numberwithin{equation}{section}
```

bzw.

```
\numberwithin{equation}{subsection}
```

Um diesen Befehl nutzen zu können, müssen Sie das Paket amsmath in der Präambel Ihres Dokuments laden. Ergänzen Sie dazu den Befehl \usepackage, und schreiben Sie in die geschweiften Klammern den Namen des zu ladenden Paketes, nämlich amsmath. Es empfiehlt sich allerdings, eine neue usepackage-Anweisung zu verwenden, da wir bei der Verwendung von $\mathcal{AMS}$-LaTeX weitere Pakekte nachladen und Optionen aktivieren müssen. So bleibt die Übersichtlichkeit über die einzelnen Pakete gewahrt.

7.2 Untergliederung von Formeln

Wie bereits oben angedeutet, können Formeln unterteilt werden und Nummern der Form 3.4a, 3.4b usw. erhalten. Dazu wird die Formel, die so numeriert werden soll, in eine subequations-Umgebung gesetzt. Alle Formeln, die sich in einer solchen Umgebung befinden, haben die gleiche Nummer, unterscheiden sich jedoch durch den an die Nummer angehängten Buchstaben. Betrachten wir dazu ein Beispiel. Wir wollen zur Formel 6.1.4 eine „Unter"-Formel erzeugen, die folgendes Aussehen und Numerierung haben soll:

$$a^2 + b^2 \;=\; c^2 \tag{7.1a}$$

$$c \;=\; \sqrt{a^2 + b^2} \tag{7.1b}$$

Es handelt sich dabei – wie im Kapitel 6 erläutert, um eine eqnarray-Umgebung, die in diesem Fall allerdings ihrerseits in eine subequations-Umgebung gestellt wurde. Die vollständige Befehlsfolge für die beiden oben gezeigten Formeln lautet:

```
\begin{subequations}
\begin{eqnarray}
a^2 + b^2 & = & c^2 \\
```

```
c & = & \sqrt{a^2 + b^2}
\end{eqnarray}
\end{subequations}
```

7.3 Mehrzeilige Einzelformeln

Mit dem Gestalten von mehrzeiligen Formeln haben wir uns bereits im Kapitel 6 beschäftigt. Mit dem Zusatzpaket $\mathcal{AMS}$-LaTeX werden die Gestaltungsmöglichkeiten solcher Formeln stark verbessert, erweitert und vereinfacht.

Mehrzeilige Formeln werden in eine **multline**-Umgebung gesetzt, die dafür verantwortlich zeichnet, daß die einzelnen Zeilen der Formel korrekt gesetzt werden. Das bedeutet, daß die erste Zeile der Formel linksbündig, die letzte Formelzeile rechtsbündig und die Zeilen dazwischen zentriert ausgerichtet werden. Sehen Sie sich dazu das folgende Beispiel an:

$$
\begin{aligned}
x_1 + x_2 + x_3 + x_4 + x_5 + x_6 + x_7 + x_8 + x_9 + x_{10} \\
+ x_{11} + x_{12} + x_{13} + x_{14} + x_{15} = y
\end{aligned}
$$

Diese Formel wird durch die Anweisung

```
\begin{multline}
x_1 + x_2 + x_3 + x_4 + x_5 + x_6 + x_7 + x_8 + x_9 + x_{10} \\
+ x_{11} + x_{12} + x_{13} + x_{14} + x_{15}
= y \nonumber
\end{multline}
```

erzeugt.

Sollen die Umbruchstellen aller Zeilen einer solchen mehrzeiligen Einzelformel genau untereinander angeordnet werden, kann man sich der **multline**-Umgebung jedoch nicht bedienen. Für solche Einsatzfälle hält $\mathcal{AMS}$-LaTeX die Umgebung **split** bereit. Mit ihr wurde die folgende Formel gesetzt:

$$
\begin{split}
\frac{\nabla v'}{\nabla t} + (v\nabla)v' &= -\frac{1}{\varrho}\nabla\varrho' - [urotu'] \\
&= -\frac{1}{\varrho}\nabla(p' + \varrho uu') + (u\nabla)u'
\end{split}
\tag{7.2}
$$

Die **split**-Umgebung muß jedoch stets in einer anderen Umgebung verwendet werden, die zum Erzeugen abgesetzter Formeln geeignet ist. Die vollständige Anweisung zum Generieren der Formel 7.2 hat folgendes Aussehen:

```
\begin{equation}
\begin{split}
\frac{\nabla v'}{\nabla t}+(v \nabla)v'&=-\frac{1}{\varrho}
```

```
\nabla \varrho' - [u \mbox{rot} u']\\
&= -\frac{1}{\varrho}\nabla (p'+\varrho u u')+(u\nabla)u'
\end{split}
\end{equation}
```

Unmittelbar vor die Stellen, entlang derer die einzelnen Zeilen der Formel ausgerichtet werden, wird das Zeichen & gesetzt. Im Fall der Formel[2] 7.2 war es das Gleichheitszeichen. Der Zeilenumbruch erfolgt wie üblich durch den Befehl \\. Die Formeln in dieser Umgebung werden standardmäßig mit einer Nummer versehen. Wollen Sie die Numerierung unterdrücken, müssen Sie vor das Zeichen für den Zeilenumbruch den Befehl

```
\nonumber
```

setzen.

7.4 Formelgruppen

Wie schon bei den mehrzeiligen Einzelformeln, so wird auch bei Formelgruppen zwischen ausgerichteten und nicht ausgerichteten Formeln unterschieden. Sollen die zu einer Gruppe gehörenden Formeln nicht gegeneinander ausgerichtet werden, werden sie in eine **gather**-Umgebung gesetzt. Die einzelnen Formeln in dieser Umgebung werden standardmäßig mit einer Nummer versehen. Wollen Sie die Numerierung einer, mehrerer oder aller Zeilen unterdrücken, müssen Sie vor das Zeichen für den Zeilenumbruch den Befehl

```
\nonumber
```

setzen.

$$a^2 + b^2 = c^2 \tag{7.3}$$

$$c = \sqrt{a^2 + b^2} \tag{7.4}$$

Diese Formel entstand aus:

```
\begin{gather}
a^2 + b^2 = c^2\\
c = \sqrt{a^2 + b^2}
\end{gather}
```

---

[2] Zum gezeigten Beispiel muß ich anmerken, daß ich mich eines „unsauberen" Tricks bedienen mußte, um die Zeichenkette rot zu erzeugen. Prägen Sie sich diese Variante bitte nicht ein. Um ein korrektes Ergebnis zu erzielen, müßte rot als eigene Funktionsbezeichnung definiert werden. Wie das gemacht wird, erfahren Sie jedoch erst im Abschnitt 7.16 auf der Seite 116.

Sollen solche Formelgruppen hingegen ausgerichtet werden, müssen Sie die $\mathcal{AMS}$-LaTeX-Umgebung align verwenden. Alle in dieser Umgebung stehenden Formeln werden vertikal entlang der Zeichen ausgerichtet, vor denen in den einzelnen Formeln das Zeichen & steht. Die einzelnen Zeilen werden standardmäßig mit einer Nummer versehen. Um die Numerierung zu unterdrücken, müssen Sie wiederum den Befehl \nonumber vor dem Befehl für den Zeilenumbruch verwenden.

$$a^2 + b^2 = c^2 \tag{7.5}$$

$$c = \sqrt{a^2 + b^2} \tag{7.6}$$

Worin besteht nun aber – einmal abgesehen von der unterschiedlichen Numerierung – der Unterschied zur Formelgruppe 7.1 auf der Seite 102? Werfen wir vor der Beantwortung dieser Frage zunächst einen Blick auf die Anweisung zum Erzeugen der Formeln 7.5:

```
\begin{align}
a^2 + b^2 &= c^2 \\
c &= \sqrt{a^2 + b^2}
\end{align}
```

Hier zeigt sich, daß die align-Umgebung im Vergleich zur eqnarray-Umgebung wesentlich einfacher zu handhabbaren ist: Es reicht aus, lediglich die Stellen zu markieren, an denen die einzelnen Formeln ausgerichtet werden sollen. Bei der Umgebung eqnarray wird immer entlang der mittleren Spalte ausgerichtet.

Die einzelnen Formeln der align-Umgebung werden standardmäßig numeriert. Die Numerierung muß auch hier gegebenenfalls durch den Befehl \nonumber unterdrückt werden.

Darüber hinaus ermöglicht die align-Umgebung allerdings auch, mehrere Formeln in einer Zeile nebeneinander zu verwenden, die dann alle gegenüber den Formeln der Folgezeilen ausgerichtet werden. Dazu müssen die einzelnen Formeln einer Zeile durch ein &-Zeichen voneinander getrennt werden.

Um in mathematischen Abhandlungen Abhängigkeiten und Bedingungen deutlich darzustellen, verwendet man sehr oft folgende Struktur:

$$a - b = \begin{cases} 0 & \text{wenn } a = b, \\ < 0 & \text{wenn } a < b, \\ > 0 & \text{wenn } a > b. \end{cases} \tag{7.7}$$

Die Art, wie einfach $\mathcal{AMS}$-LaTeX diese Aufgabe meistert, kann nur Begeisterung hervorrufen. Sehen Sie sich zunächst die vollständige Anweisung an.

```
\begin{equation}
a-b= \begin{cases}
```

```
0&  \text{wenn $a=b$},\\
<0& \text{wenn $a<b$},\\
>0& \text{wenn $a>b$}.
\end{cases}
\end{equation}
```

Der linke Teil der gesamten Formel dürfte Ihnen verständlich sein. Es folgt der Befehl

```
\begin{cases}
```

der die cases-Umgebung einleitet, die für das Setzen der folgenden Ausdrücke verantwortlich ist. Als „Eselsbrücke" stellen Sie sich für den Anfang vor, daß dieser Befehl die geschweifte Klammer darstellt. Es folgt die 0 gefolgt von dem Zeichen &, mit dem signalisiert wird, daß der Teil mit der Erläuterung der Bedingung folgen kann. Dieser Teil wird durch den mächtigen $\mathcal{AMS}$-LATEX-Befehl text gebildet, den wir im nächsten Abschnitt ausführlich besprechen werden. Vor das Zeichen zum Zeilenumbruch ist sogar noch ein Komma möglich. Auf die gleiche Weise entstehen die übrigen Zeilen des oben gezeigten Konstrukts, das durch die Befehle

```
\end{cases}
```

und

```
\end{equation}
```

beendet wird. Wenn Sie ähnliche Strukturen in Ihrer wissenschaftlichen Arbeit verwenden wollen, die weniger oder mehr Zeilen als im Beispiel benötigen, stehen Ihnen solche Änderungen frei. Mir zumindestens ist nicht bekannt, daß diese Konstruktion nur eine begrenzte Zeilenzahl zuläßt.

7.5 Text in Formeln

Bereits im vorigen Kapitel haben Sie eine Möglichkeit kennengelernt, gewöhnlichen Text in mathematischen Formeln zu verwenden. In diesem Abschnitt wollen wir uns mit den Möglichkeiten beschäftigen, die $\mathcal{AMS}$-LATEX dem Anwender offeriert. Im vorhergehenden Abschnitt konnten Sie schon einen kleinen Einblick bekommen, als wir den Befehl

```
\text
```

verwendet haben. Diesem Befehl folgt in geschweiften Klammern der Text, der innerhalb einer Formel verwendet werden soll. Dieser Befehl ist so flexibel, daß sie in ihm Text beinahe so verwenden können, wie in einem „normalen" Fließtext.

Ein weiterer Befehl, der innerhalb von abgesetzten Formeln verwendet werden kann, ist der Befehl

```
\intertext
```

Er wird vornehmlich in Formelgruppen verwendet, um einen textlichen Bezug zwischen den einzelnen Formeln der Gruppe herzustellen. Beispiel:
Den Ausdruck

$$a^2 + b^2 = c^2 \tag{7.8}$$

ergibt nach c umgestellt

$$c = \sqrt{a^2 + b^2} \tag{7.9}$$

erhält man aus:

```
\begin{align}
a^2 + b^2 &= c^2 \\
\intertext{ergibt nach $c$ umgestellt}
c &= \sqrt{a^2 + b^2}
\end{align}
```

Sie sehen, daß auch hier innerhalb des \intertext-Befehls eine Formel eingeschoben wurde. Ein weiterer Beweis für die Mächtigkeit dieses Befehls.

7.6 Formatierung von Zeichen in Formeln

Obgleich die Formatierung der einzelnen Zeichen einer Formeln durch LaTeX 2_ε bzw. durch $\mathcal{AMS}$-LaTeX genau nach typographischen Regeln erfolgt, reichen die bisher besprochenen Mittel nicht aus, alle im Formelsatz verwendeten Elemente nachzubilden. Das betrifft insbesondere das fette Setzen bestimmter Zeichen und die Verwendung von Frakturzeichen. Diese Auszeichnungen sollen in diesem Abschnitt besprochen werden.

7.6.1 Fette Zeichen

Für das Erzeugen „normaler" fetter Buchstaben und Zahlen kann im mathematischen Modus der Befehl \mathbf verwendet werden, dem in geschweiften Klammern die fett zu setzenden Klammern übergeben werden. Dieser Befehl funktioniert jedoch nicht im Zusammenhang mit den Sonderzeichen. Um auch diese Zeichen bei Bedarf fett setzen zu können, hält $\mathcal{AMS}$-LaTeX den Befehl

```
\boldsymbol
```

bereit. Ihm wird in geschweiften Klammern der Befehl zum Erzeugen des jeweiligen Sonderzeichens übergeben. Ein fettes Omega – $\boldsymbol{\Omega}$ – entsteht aus:

```
\boldsymbol{\Omega}
```

7.6.2 Frakturzeichen

In wissenschaftlichen Veröffentlichungen werden in Formeln zur Darstellung von Vektoren mitunter Zeichen in Frakturschrift verwendet. Solche Zeichen finden Sie im folgenden Beispiel:

$$D^{(i)} = \varepsilon^{(e)} \mathfrak{F} \left(1 - \frac{A}{R^3} \right)$$

Diese Frakturzeichen entstehen durch den Befehl

```
\mathfrak
```

dem als Argument in geschweiften Klammern die in Form von Frakturzeichen darzustellenden Buchstaben oder Wörter folgen. Dabei sind zwei Dinge zu beachten:

- Es können nur lateinische Großbuchstaben – also nicht die deutschen Umlaute und das ß verwendet werden.

- Die Frakturzeichen können nur im mathematischen Modus gesetzt werden. Sollen in einem gewöhnlichen Text Frakturzeichen verwendet werden, muß des gesamte Befehl zwischen Dollarzeichen stehen.

7.6.3 Blackboard-Zeichen

Die sogenannten Blackboard-Zeichen, die – auf einer Schultafel geschrieben – fette Zeichen symbolisieren, entstehen mit $\mathcal{AMS}$-LaTeX durch den Befehl

```
\mathbb
```

dem in geschweiften Klammern die so zu behandelnden Zeichen folgen. Ein Beispiel für diese Blackboard-Zeichen ist:

$\mathbb{FORMELSATZ}$.

7.7   Integral- und Summenzeichen

Mit $\mathcal{AMS}$-LaTeX erhalten Sie weitere Möglichkeiten zur Darstellung von Integral- und Summenzeichen. Während Sie bei LaTeX 2_ε zum Erzeugen des Zeichens $\iiint$

mehrere int-Befehle verwenden müssen, gelingt Ihnen das mit $\mathcal{AMS}$-LaTeX durch den Befehl

```
\iiint
```

Für jedes Integralzeichen wird also ein i gesetzt. Für Mehrfachintegrale unterstützt $\mathcal{AMS}$-LaTeX die Befehle \iint, \iiint und \iiiint.

Um mehrzeilige Grenzen von Summen, Produktzeichen u.ä. zu ermöglichen, wurden mit $\mathcal{AMS}$-LaTeX der Befehl

```
\substack
```

bzw. die Umgebung

```
\subarray
```

eingeführt. Um das folgende Zeichen zu erzeugen,

$$\sum_{\substack{i=0 \\ j=i+1}} f(i,j)$$

muß die vollständige Anweisung lauten:

```
\[\sum_{\substack{i=0 \\ j=i+1}}f(i,j)\]
```

Nach dem Befehl zum Erzeugen des Summenzeichens folgt der Unterstrich _ als Kennzeichnung dafür, daß das nächste bzw. die nächsten Zeichen die untere Grenze darstellen. Da mehrere Zeichen verwendet werden, werden alle Zeichen der unteren Grenze in geschweifte Klammern gesetzt. Da wir es mit einer Summe zu tun haben, die von zwei Variablen abhängig ist, benötigen wir für die Darstellung der unteren Grenze zwei Zeilen und verwenden daher den Befehl

```
\substack
```

dem in geschweiften Klammern der Text der beiden Zeilen als Argument übergeben wird. Beide Zeilen werden durch das Zeichen \\ voeneinander getrennt. Wenn Sie ein Summenzeichen erzeugen wollen, dessen obere Grenze ebenfalls in mehreren Zeilen angegeben werden muß, verwenden Sie einen Befehl nach dem eben gezeigten Muster, benutzen jedoch anstelle des Zeichens _ das Zeichen

Wenn Sie die Ausrichtung der Zeilen unter bzw. über dem Operationszeichen beeinflussen wollen, verwenden Sie anstelle des Befehls \substack die Umgebung

```
subarray
```

Sie kann durch die in geschweiften Klammern stehenden Argumente l bzw. r so spezifiziert werden, daß die Zeilen der Grenzen im Gegensatz zum Befehl \substack nicht zentriert sondern links- bzw. rechtsbündig ausgerichtet werden. Das oben gezeigte Beispiel würde durch die folgende Definition so aussehen:

$$\sum_{\substack{i=0 \\ j=i+1}} f(i,j)$$

```
\[\sum_{\begin{subarray}{l}{i=0 \\ j=i+1}}f(i,j)\]
```

Wir haben oben festgestellt, daß mit $\mathcal{AMS}$-LaTeX die Grenzen von Summen, Integralen und ähnlichen Zeichen in abgesetzten Formeln immer über den Zeichen stehen. Um von Fall zu Fall von dieser Einstellung abweichen zu können, gibt es den Befehl

```
\sideset
```

Er wird vor dem Befehl zum Erzeugen des Summen-, Integral- oder Produktzeichens verwenden. Ihm werden in geschweiften Klammern, die jeweiligen Ober- und Untergrenzen übergeben. Die Formel

$$\sideset{_1^2}{_3^4}\prod$$

entsteht durch den Ausdruck:

```
\[\sideset{_1^2}{_3^4}\prod\]
```

7.8   Darstellung von Brüchen

Während LaTeX2 nur den Befehl \frac zum Erzeugen von Brüchen kennt, unterscheidet $\mathcal{AMS}$-LaTeX zwischen

```
\dfrac
```

und

```
\tfrac
```

Während der erste Befehl für den Einsatz in abgesetzten Formeln gedacht ist, dient der zweite Befehl für Formeln, die innerhalb des Fließtextes dargestellt werden. Für beide Aufgaben wäre natürlich auch der Befehl \frac geeignet. Die beiden $\mathcal{AMS}$-LaTeX-Befehle führen jedoch insbesondere bei im Fließtext stehenden Formeln zu einem besseren Ergebnis. Ansonsten ist die Struktur dieses Befehls so, daß dem Befehlswort jeweils in geschweiften Klammern der Zähler und der Nenner des Bruchs folgen.

$$a_0 + \cfrac{1}{a_1 + \cfrac{1}{a_2 + \cfrac{1}{a_3 + \cdots}}}$$

Abbildung 7.1: Beispiel eines verschachtelten Bruchs

Zu den Befehlen zum Erzeugen von Brüchen gehört auch

`\cfrac`

mit dem sich verschachtelte Brüche sehr einfach generieren lassen. Sehen Sie sich dazu den in der Abbildung 7.1 gezeigten Bruch an.

Er entsteht aus:

```
\[a_0+\cfrac{1}{a_1
+\cfrac{1}{a_2
+\cfrac{1}{a_3+ \dotsb}}}\]
```

Diese Formel könnte auch mit dem LaTeX 2_ε-Befehl `\frac` erzeugt werden. Der $\mathcal{AMS}$-LaTeX-Befehl `\cfrac` sorgt allerdings für eine gleichmäßigere und ausgewogenere Darstellung aller Brüche. Darüber hinaus besteht die Möglichkeit, die Zähler links- bzw. rechtsbündig auf den einzelnen Bruchstrichen auszurichten. Dazu wird der Befehl `\cfrac` um die in eckigen Klammern zu setzenden Argumente l für das linksbündige bzw. r für das rechtsbündige Ausrichten des Zählers erweitert. Standardmäßig werden die Zähler zentriert ausgerichtet. Eine Erläuterung des zur Erzeugung des verschachtelten Bruchs verwendeten Befehls

`\dotsb`

finden Sie im Abschnitt 7.12 auf der Seite 114.

7.9 Erzeugung von Matrizen

Gegenüber dem „einfachen" LaTeX2e ermöglicht $\mathcal{AMS}$-LaTeX eine einfachere Handhabung bei der Generierung von Matrizen. Bei der Arbeit mit $\mathcal{AMS}$-LaTeX müssen Sie sich nicht mehr um die Klammern um Matrizen herum kümmern. Daneben gestattet $\mathcal{AMS}$-LaTeX die Verwendung von Matrizen innerhalb des Fließtextes. Insgesamt verfügt $\mathcal{AMS}$-LaTeX über sechs Befehle zum Erzeugen von Matrizen. Das mag auf den ersten Blick verwirrend viel zu sein. Diese Zahl erklärt sich jedoch dadurch, daß jeder Matrizentyp sozusagen von Hause aus gleich einen bestimmten Klammertyp mitbringt und Sie sich um das Setzen der Klammern damit nicht mehr kümmern müssen. Die Arten der durch $\mathcal{AMS}$-LaTeX unterstützten Matrizen entnehmen Sie bitte der folgenden Übersicht.

`\[ \begin{pmatrix}`
`a_1 & b_1\\`
`a_2 & b_2`
`\end{pmatrix}`
`\]`
	erzeugt eine Matrix mit runden Klammern
	
	$\begin{pmatrix} a_1 & b_1 \\ a_2 & b_2 \end{pmatrix}$

`\[ \begin{bmatrix}`
`a_1 & b_1\\`
`a_2 & b_2`
`\end{bmatrix}`
`\]`
	erzeugt eine Matrix mit eckigen Klammern
	
	$\begin{bmatrix} a_1 & b_1 \\ a_2 & b_2 \end{bmatrix}$

`\[ \begin{vmatrix}`
`a_1 & b_1\\`
`a_2 & b_2`
`\end{vmatrix}`
`\]`
	erzeugt eine Determinantenform
	
	$\begin{vmatrix} a_1 & b_1 \\ a_2 & b_2 \end{vmatrix}$

`\[ \begin{vmatrix}`
`a_1 & b_1\\`
`a_2 & b_2`
`\end{vmatrix}`
`\]`
	erzeugt eine Determinantenform
	
	$\begin{vmatrix} a_1 & b_1 \\ a_2 & b_2 \end{vmatrix}$

`\[ \begin{Vmatrix}`
`a_1 & b_1\\`
`a_2 & b_2`
`\end{Vmatrix}`
`\]`
	erzeugt eine Determinantenform mit zwei senkrechten Linien
	
	$\begin{Vmatrix} a_1 & b_1 \\ a_2 & b_2 \end{Vmatrix}$

Um eine Matrix innerhalb eines Fließtextes erscheinen zu lassen, wird der Befehl

> `\smallmatrix`

verwendet. Beispiel:

Der Satz: „Eine solche Matrix paßt sich gut in den laufenden Text $\left(\begin{smallmatrix} a_1 & a_2 \\ b_1 & b_2 \end{smallmatrix}\right)$ ein." entsteht aus:

```
Eine solche Matrix paßt sich gut in den lau-
fenden Text $\left( \begin{smallmatrix} a_1 & a_2 \\ b_1 & b_2 \end
{smallmatrix} \right)$ ein.
```

7.10 Darstellung von Binomen

Gegenüber den Möglichkeiten von LaTeX2 haben Sie mit $\mathcal{AMS}$-LaTeX einen erweiterten Gestaltungsspielraum beim Erzeugen von Binomen, das drei Darstellungsarten unterstützt. Es handelt sich dabei um die Befehle

```
\binom, \dbinom, \tbinom
```

Die Struktur der Befehle zur Erzeugung von Binomen entspricht bis auf das Befehlswort dem Befehl zum Erzeugen von Brüchen. Der Ausdruck $\binom{a}{b}$ entsteht also aus \binom{a}{b}. Die Wirkung der einzelnen Befehle zum Erzeugen von Binomen entnehmen Sie bitte der folgenden Aufstellung.

```
\[ \binom{a}{b}
\]
```
erzeugt die „Urform" eines Binoms
$$\binom{a}{b}$$

```
\[ \dbinom{a}{b}
\]
```
erzeugt in abgesetzten Formeln das Binom
$$\binom{a}{b}$$

```
\[ \tbinom{a}{b}
\]
```
erzeugt das Binom im Fließtext
$\binom{a}{b}$

7.11 Manipulation von Wurzelausdrücken

Im Vergleich zu den Formelsatzmöglichkeiten von LaTeX 2_ε beziehen sich die $\mathcal{AMS}$-LaTeX-Erweiterungen beim Erzeugen von Wurzelausdrücken lediglich auf eine verbesserte Positionierung des Wurzelexponenten. Bei bestimmten Konfigurationen kann es passieren, daß der Exponent oder Teile von ihm die Linien des Wurzelzeichens bedecken. Um solche Erscheinungen zu beseitigen, stellt $\mathcal{AMS}$-LaTeX Befehle bereit, die es ermöglichen den Wurzelexponenten geringfügig zu verschieben. Dazu dienen die Befehle

```
\leftroot
```

und

```
\uproot
```

die verwendet werden, um den Wurzelexponenten vertikal bzw. horizontal zu verschieben. Dazu werden beiden Befehlen in geschweiften Klammern Werte übergeben, um die die Verschiebung erfolgen soll. Die Maßeinheit dieser Verschiebung ist dabei nicht bekannt. Während positive Werte zu einer Verschiebung nach links bzw.

oben führen, erlauben negative Werte eine Verschiebung nach rechts bzw. unten. Um beispielsweise den Exponenten g im Wurzelausdruck $\sqrt[g]{a+b}$ etwas nach oben zu verschieben, müßte folgender Befehl zum Erzeugen der Wurzel verwendet werden

```
\sqrt[\uproot{2}g]{a+b}
```

der zu einem solchen Wurzelausdruck führt: $\sqrt[g]{a+b}$.

7.12 Punkt, Punkt, Punkt

Bereits im Kapitel 6 haben Sie mit dem Befehl \dot eine Möglichkeiten kennengelernt, Pünktchen zur Andeutung fehlender Zeichen zu setzen. Der Befehl

```
\dots
```

ist der etwas „intelligentere Bruder" dieses LaTeX 2_ε-Befehls. Verwenden Sie nämlich den $\mathcal{AMS}$-LaTeX-Befehl \dots, hängt die Höhe der Pünktchen über der Grundlinie davon ab, zwischen welchen Zeichen die Pünktchen stehen. Vergleichen Sie dazu die folgenden Beispiele: $a_1, a_2, \ldots, a_n$, $a_1 + a_2 + \cdots + a_n$, $a_1 a_2 \ldots a_n$, $\int_{a1} \int_{a2} \cdots \int_{an}$. In der ersten Formel stehen die Pünktchen zwischen zwei Kommata, in der zweiten Formeln zwischen zwei Pluszeichen, in der dritten Formeln zwischen zwei Multiplikationszeichen und in der vierten Formel zwischen zwei Integralzeichen. Davon abhängig variiert die Höhe der Pünktchen über der Grundlinie. Da der Befehl \dots jedoch nur so funktioniert, wenn er nicht am Ende einer Zeile steht, verfügt $\mathcal{AMS}$-LaTeX über weitere Befehle zum Setzen von Pünktchen, die dieses Manko beseitigen. Es handelt sich dabei um die Befehle

```
\dotsc
```

für Pünktchen nach Kommata,

```
\dotsm
```

für Pünktchen nach dem Multiplikationszeichen,

```
\dotsb
```

für Pünktchen nach Operationszeichen und um

```
\dotsi
```

für das Setzen der Pünktchen nach Integralzeichen.

7.13 Zeichen mit Akzenten

Mit $\mathcal{AMS}$-LaTeX lassen sich auf einfache Weise mathematische Zeichen erzeugen, die einen einfachen oder doppelten Akzent aufweisen. Eine Aufstellung aller Befehle entnehmen Sie bitte der Tabelle 7.2.

Befehl	Beispiel	Ergebnis
\Hat	\Hat{A}	$\hat{A}$
\Breve	\Breve{A}	$\breve{A}$
\Bar	\Bar{A}	$\bar{A}$
\Check	\Check{A}	$\check{A}$
\Grave	\Grave{A}	$\grave{A}$
\Acute	\Acute{A}	$\acute{A}$
\Tilde	\Tilde{A}	$\tilde{A}$
\Dot	\Dot{A}	$\dot{A}$
\Ddot	\Ddot{A}	$\ddot{A}$
\Vec	\Vec{A}	$\vec{A}$

Tabelle 7.2: Mathematische Akzente in $\mathcal{AMS}$-LaTeX

Befehl	Beispiel	Ergebnis
\underleftarrow	\underleftarrow{a}	$\underleftarrow{A}$
\underrightarrow	\underrightarrow{a}	$\underrightarrow{A}$
\underleftrightarrow	\underleftrightarrow{a}	$\underleftrightarrow{A}$
\overleftrightarrow	\overleftrightarrow{a}	$\overleftrightarrow{A}$

Tabelle 7.4: Pfeile zum Darstellen von Vektoren mit $\mathcal{AMS}$-LaTeX

Wollen Sie Zeichen mit doppelten Akzenten versehen, verwenden Sie die in der Tabelle 7.2 gezeigten Befehle nach dem folgenden Muster, das am Beispiel des Zeichens $\hat{\hat{O}}$ gezeigt wird. Es entsteht durch den Befehl

```
\Hat{\Hat{O}}
```

7.14 Pfeile und Vektoren

Für die Darstellung von Pfeilen über Zeichen stellt $\mathcal{AMS}$-LaTeX im Gegensatz zu LaTeX 2_ε zusätzliche Befehle bereit, die Sie der Tabelle 7.4 entnehmen können. Das „einfache" LaTeX 2_ε kennt bekanntlich nur die Befehle \overleftarrow zum Erzeugen von Zeichen wie $\overleftarrow{a}$ bzw. den Befehl \overrightarrow zum Genrieren von Zeichen wie $\overrightarrow{a}$.

7.15 Pfeile mit variabler Länge

Pfeile mit variabler Länge werden benötigt, wenn auf Vektorpfeile bestimme zusätzliche Bedingungen geschrieben werden und die Länge des Pfeils der Länge des auf bzw. unter ihm stehenden Textes entsprechen soll. Für solche Zwecke offeriert und $\mathcal{AMS}$-LaTeX die Befehle

```
\xleftarrow
```
 und
```
\xrightarrow
```

Diesen Befehlen wird in geschweiften Klammern der Text übergeben, der auf dem Pfeil stehen soll. Wenn auch unter dem Pfeil Text stehen soll, wird er dem Befehl in eckigen Klammern übergeben. Das Beispiel der folgenden, meiner Phantasie entsprungenen Formel:

entsteht aus:

```
\[A\xrightarrow{i=1} B \xleftarrow[A] {i)2}C\]
```

7.16   Definition eigener Funktionsbezeichnungen

Obgleich LaTeX2e bereits eine große Anzahl von Befehlen zum Setzen von Funktionsbezeichnungen bereit hält[3] bereithält, stößt man beim Setzen von Formeln immer wieder auf Grenzen, weil die benötigten Befehle noch nicht zur Verfügung stehen. So habe ich bereits bei der Erläuterung der split-Umgebung in der Beispielformel auf der Seite 103 einen Trick angewandt, um die Funktionsbezeichnung rot darzustellen.

Mit $\mathcal{AMS}$-LaTeX erhalten Sie nun einen Befehl in die Hand, mit dem Sie auf einfache Weise Funktionsbezeichungen nach dem Muster der im Anhang D.3 auf der Seite 214 dargestellten Bezeichnungen erzeugen können. Der Befehl hierzu lautet

```
\DeclareMathOperator
```

Um diesen Befehl nutzen zu können, muß die usepackage-Anweisung in der Präambel Ihres Dokuments um amsopn ergänzt werden. Dem oben gezeigten Befehl folgen in zwei geschweiften Klammerpaaren der Befehl, mit dem die gewünschte Funktionsbezeichnung aufgerufen sowie die Zeichenkette, die innerhalb der Formel verwendet werden soll. Dieser Befehl muß in der Präambel des Dokuments stehen.

Um die fett zu druckende Funktionsbezeichnung rot für die Formel 7.2 korrekt zu erzeugen, müßte der Befehl also lauten:

```
\DeclareMathOperator{\rot}{\textbf{rot}}
```

Insgesamt würde dann die Definition der Formel 7.2 dann so aussehen:

```
\begin{equation}
\begin{split}
\frac{\nabla v'}{\nabla t}+(v \nabla)v'&=-\frac{1}{\varrho}
\nabla \varrho' - [u \rot u']\\
&= -\frac{1}{\varrho}\nabla (p'+\varrho u u')+(u\nabla)u'
\end{split}
\end{equation}
```

und folgendes Bild ergeben:

$$\frac{\nabla v'}{\nabla t} + (v\nabla)v' = -\frac{1}{\varrho}\nabla\varrho' - [u\,\mathbf{rot}\,u']$$
$$= -\frac{1}{\varrho}\nabla(p' + \varrho uu') + (u\nabla)u' \tag{7.10}$$

---

[3] Vgl. Anhang D.3 auf der Seite 214

7.17 Erzeugung eigener Theoremstrukturen

Sie haben bereits im Kapitel 2 auf der Seite 42 eine Möglichkeit kennengelernt, eigene Definitions- und Theoremstrukturen anzulegen. Dazu haben wir den Befehl `\newtheorem` besprochen. $\mathcal{AMS}$-LaTeX erweitert diesen Befehl um einige Aspekte. Sie betreffen eine weitaus flexiblere Numerierung solcher Strukturen sowie die Möglichkeit, eine Numerierung unter Umständen auch zu unterdrücken.

Wenn Sie die neuen Gestaltungsvarianten von $\mathcal{AMS}$-LaTeX nutzen wollen, müssen Sie die usepackage-Anweisung in der Präambel Ihres Dokuments um die Anweisung amsthm ergänzen. Damit verliert der LaTeX 2_ε-Befehl `\newtheorem` seine Bedeutung. Es gilt nunmehr nur der gleichlautende $\mathcal{AMS}$-LaTeX-Befehl. Ihm wird in geschweiften Klammern als Argument zunächst die Bezeichnung übergeben, unter der diese neue Struktur innerhalb des Dokuments angesprochen werden soll. Anschließend folgt – ebenfalls in geschweiften Klammern – die Bezeichnung, die im gesetzten Text erscheinen soll. Nehmen wir zur Veranschaulichung an, daß wir eine Struktur mit der Bezeichnung *Aussage* erzeugen wollen. Die Definition dieser neuen Struktur könnte dann so aussehen:

```
\newtheorem{auss}{Aussage}
```

Damit sind die Voraussetzungen geschaffen, um Text innerhalb einer auss-Umgebung verwenden zu können, um damit Strukturen wie im folgenden gezeigt zu erzeugen.

> **Aussage 1.** *Kräht der Hahn auf dem Mist, ändert sich das Wetter oder es bleibt, wie es ist.*
>
> **Aussage 2.** *Morgenstund' ist aller Laster Anfang.*

Diese beiden Leitsätze von hohem philosophischen Anspruch entstanden durch die Definition:

```
\newtheorem{auss}{Aussage}
\begin{auss}
Kräht der Hahn auf dem Mist, ändert sich das Wetter oder
es bleibt, wie es ist.
\end{auss}

\begin{auss}
Morgenstund' ist aller Laster Anfang.
\end{auss}
```

Beachten Sie bitte, daß die Numerierung automatisch erfolgt. Ebenso erfolgt die Formatierung der Zeichen ebenfalls von uns unabhängig durch $\mathcal{AMS}$-LaTeX.

Wollen Sie die Numerierung jedoch unterdrücken, verwenden Sie anstelle des Befehls `\newtheorem` den Befehl

```
\newtheorem*
```

Den Abschluß dieses Kapitels sollen ein paar Übungen bilden, die zur Vertiefung des Wissens um die Erzeugung von Formeln mit $\mathcal{AMS}$-LaTeX dienen sollen.

Aufgabe 7.1:

$$\operatorname{rot}\mathbf{E} = i\frac{\omega}{c}\mathbf{B} \quad , \qquad\qquad \operatorname{rot}\mathbf{H} = -i\frac{\omega}{c}\mathbf{D} + \frac{4\pi}{c}\mathbf{j}_a \qquad (7.11)$$

Aufgabe 7.2:

$$\begin{cases} E = \frac{A}{f^{1/4}}cos\left(\int_0^z \sqrt{f}dz + \frac{\pi}{4}\right) & \text{für} \quad z < 0, \\ E = \frac{A}{2|f|^{1/4}}e^{-\int_0^z \sqrt{|f|}dz} & \text{für} \quad z > 0, \end{cases}$$

Aufgabe 7.3:　In der letzten Aufgabe dieses Kapitels sollen Sie sich an einem längeren Absatz aus [LL80] versuchen. Sie finden diese Textpassage im genannten Werk auf der Seite 334:

Nach dem KIRCHOFFschen Gesetz ist die Intensität dI der Wärmestrahlung (in einem Element $d0$ des Raumwinkels) einer beliebigen Fläche mit der Strahlungsintensität dI_0 eines schwarzen Körpers durch die Beziehung $dI = (1 - R)dI_0$ verbunden, wo R der Reflexionskoeffizient der gegebenen Fläche für das natürliche Licht sei. Berechnet man $R = 1/2(R_\perp + R_\parallel)$ mit Hilfe der Formeln (67,13) und (67,14) und benutzt die Isotropie der Strahlung der Fläche eines schwarzen Körpers ($dI_0 = I_0 do/2\pi$), so erhalten wir

$$I = 2I_0\zeta \int\limits_0^{\pi/2} \left\{1 - \frac{1}{\cos^2\theta + 2\zeta'\cos\theta + \zeta^2 + \zeta''^2}\right\} \cos\theta \sin\theta d\theta.$$

Führen wir die Integration aus und lassen die Terme von höherer Ordnung in ζ weg, so finden wir

$$\frac{I}{I_0} = \zeta'\left[\ln\frac{1}{\zeta'^2 + \zeta''^2} + 1 - \frac{2\zeta'}{\zeta''}\arctan\frac{\zeta''}{\zeta'}\right]$$

Insbesondere haben wir für Metalle mit einer Impedanz, die durch die Formel (67,2) bestimmt wird ($\mu = 1$),

$$\frac{I}{I_0} = \sqrt{\frac{\omega}{8\pi\varrho}}\left[\ln\frac{4\pi\varrho}{\omega} + 1 - \frac{\pi}{2}\right].$$

Aufgabe 7.4:

$$dI = \frac{1}{4a\pi k}\left\{\left[\frac{sin(ka\sin\chi)}{\sin\frac{\chi}{2}}\right]^2 + \left[i\frac{\cos(ka\sin\chi)}{\cos\frac{\chi}{2}}\right]\right\}d\chi \qquad (7.12)$$

$$= \frac{ka}{\pi}\left\{\left[\frac{\sin(ka\sin\chi)}{ka\sin\chi}\right]^2\cos\chi + \frac{1}{\left[2ka\cos\frac{\chi}{2}\right]^2}\right\}d\chi.$$

Kapitel 8

Wir machen uns ein erstes Bild

In den ersten Abschnitten dieses Kapitels werden Sie erfahren, wie Sie gleichsam mit „Bordmitteln" mit LaTeX 2$_\varepsilon$ einfache Vektorgrafiken erzeugen können. Mit *einfach* meine ich Grafiken, die nur aus wenigen Linien und Rechtecken bestehen. Solche Grafiken werden in LaTeX 2$_\varepsilon$ nicht gezeichnet, sondern in Form von Zeichenbefehlen niedergeschrieben, aus denen LaTeX 2$_\varepsilon$ die gewünschte Grafik generiert. Dieses Vorgehen führt zu guten Ergebnissen, setzt aber eine gewisse Einarbeitungszeit voraus, um die Grafikfähigkeiten von LaTeX 2$_\varepsilon$ zu beherrschen. Einfacher is es, die benötigten Grafiken mit Drittprogrammen zu erzeugen und in LaTeX 2$_\varepsilon$ einzubinden. Damit meine ich Präsentationsgrafiken, die beispielsweise aus Microsoft-Excel-Tabellen generiert werden, Zeichnungen, die mit einem CAD-Programm entstanden oder Illustrationen und andere Vektorgrafiken, die mit einem Programm wie z.B. CorelDRAW angefertigt wurden. Wie solche Grafiken zusammen mit LaTeX 2$_\varepsilon$ verwendet werden können, werde ich Ihnen im Kapitel 9 erläutern. Für einfache Grafiken muß man diese Boliden allerdings nicht bemühen und kann sich mit den LaTeX-Mitteln behelfen.

8.1 Rechtecke und Linien

Grafiken entstehen in LaTeX 2$_\varepsilon$ innerhalb einer Umgebung, die durch die Befehle

```
\begin{picture}
```

und

```
\end{picture}
```

definiert wird. Um eine Grafik innerhalb einer solchen Umgebung definieren zu können, muß mit LaTeX 2$_\varepsilon$ ein Maßstab für die Grafiken vereinbart werden. Die im Verlaufe dieses Kapitels erläuterten Grafikbefehle nehmen Angaben zur Positionierung und Größe von Grafikobjekten entgegen. Diese Angaben erfolgen einheitenneutral.

Das heißt, daß nur Zahlenangaben ohne eine Maßeinheit an diese Befehle übergeben werden. Die zu verwendende Maßeinheit und der zu verwendende Maßstab müssen vor der picture-Umgebung vereinbart werden. Das erfolgt durch den Befehl

```
\{setlength{\unitlength}{Maßstab Maßeinheit}
```

Mit *Maßeinheit* legen Sie eine der in LaTeX 2_ε möglichen Maßeinheiten fest. *Maßstab* definiert, um welchen Faktor, die in den folgenden Grafikbefehlen verwenden Größenangaben multipliziert werden. Würden wir als Befehl beispielsweise

```
\{setlength{\unitlength}{1cm}
```

verwenden, bedeutete das, daß jede Einheit in einem Grafikbefehl einem Zentimeter entspräche. Würde die letzte Angabe lauten 15mm, würde jede Einheit in einem Grafikbefehl 15 mm entsprechen. Da diese Erläuterungen eingängiger am Beispiel zu erläutern sind, wollen wir unsere erste kleine Grafik erstellen und ihr Entstehen ausführlich kommentieren. Zuvor sei jedoch angemerkt, daß ein so festgelegter Maßstab nicht nur für die dem Befehl folgende Grafik, sondern für alle weiteren Grafiken des Dokuments gültig ist, sofern diese Festlegung nicht durch einen neuen unitlength-Befehl geändert wird.

8.1.1 Leere Rechtecke

Nachdem der Maßstab und die Maßeinheit für die Grafik definiert sind, erzeugen wir die oben bereits angesprochene picture-Umgebung. Um Grafiken in Texte einbinden zu können, wird zunächst der Platz reserviert, den die Grafik benötigt. Dazu wird dem Befehl

```
\begin{picture}
```

als Argument die Ausdehung der Grafik in x- und y-Koordinaten übergeben. Somit würde die picture-Umgebung durch den Befehl

```
\begin{picture}(x-Ausdehnung,y-Ausdehnung)
```
[1]

definiert werden. Hiermit wird gleichzeitig, das Koordinatensystem für die im folgenden entstehenden Grafiken festgelegt. Der Koordinatenursprung befindet sich in der linken unteren Ecke der so definierten Fläche. Lassen Sie uns ein Rechteck mit einer Kantenlänge von 3 und 4 cm erzeugen. Dafür reservieren wir eine Fläche von 3 und 4.5 cm. Die vollständige Anweisung zum „Zeichnen" des Rechtecks lautet:

```
\setlength{\unitlength}{1cm}
\begin{picture}(3,4.5)
\put(0.0,0.0){\framebox(3,4)}
\end{picture}
```

---

[1] Beachten Sie hier bitte die runden Klammern!

Durch sie zeichnet LaTeX 2_ε die folgende Grafik:

Da Ihnen die ersten zwei Zeilen der Definition verständlich sein sollten, beginne ich mit der Erläuterung des Befehls

`\put(0.0,0.0)`

Mit dem put-Befehl werden Grafikobjekte, ausgehend vom Koordinatenursprung, an die in diesem Befehl angegebenen Koordinaten gesetzt[2]. In unserem Beispiel wird das Grafikobjekt im Koordinatenursprung plaziert. In geschweiften Klammern folgt das zu positionierende Grafikobjekt. Im Beispiel ist es ein Rechteck, das durch den Befehl

`\framebox`

entsteht. Bei diesem Objekt wirkt die Positionsangabe auf die untere linke Ecke. Durch die dem Befehl in runden Klammern folgende Koordinatenangabe wird die Größe des Rechtecks beschrieben. Wir verwenden eine x-Ausdehung von drei Einheiten und eine y-Ausdehnung von vier Einheiten.

Neben dem Grafikobjekt framebox kennt LaTeX 2_ε die Rechtecke dashbox und makebox. Mit dashbox entsteht ein Rechteck aus einer gestrichelten Linie, mit makebox ein Rechteck aus unsichtbaren Linien.

8.1.2 Mit Text gefüllte Rechtecke

Die eben erläuterten Befehle zum Erzeugen von Rechtecken eignen sich hervorragendend zum Anfertigen der in vielen Unternehmen so beliebten Folien[3]. Dazu müssen wir jedoch zunächst eine Methode kennenlernen, wie diese Rechtecke mit Text zu füllen wären. Die Lösung liegt in einer Erweiterung der oben beschriebenen Rechteckbefehle. Die erläuterte Definition wird um eine Anweisung zur Ausrichtung des Textes innerhalb des Rechtecks sowie um eine Anweisung, die die zu positionierende Zeichenkette enthält, erweitert. Um das Rechteck folgendermaßen aussehen zu lassen

---

[2] Beachten Sie auch bei diesem Befehl, daß runde Klammern verwendet werden.

[3] „Können Sie mir sagen, wie spät es ist?". „Ja, Moment 'mal bitte. Ich habe dazu eine Folie vorbereitet."

Befehl	Bedeutung
[t]	Der Text wird am oberen Rand des Rechtecks horizontal zentriert.
[b]	Der Text wird am unteren Rand des Rechtecks horizontal zentriert.
[l]	Der Text wird am oberen Rand des Rechtecks vertikal zentriert.
[r]	Der Text wird am oberen Rand des Rechtecks vertikal zentriert.

Tabelle 8.2: Positionierung von Text in Rechtecken

```
Rechteck
```

muß die Anweisung so aussehen:

```
\begin{picture}(3,4.5)
\put(0.0,0.0){\framebox(3,4){Rechteck}}
\end{picture}
```

Beachten Sie bitte, daß der **unitlength**-Befehl hier nicht verwendet wurde, da die oben definierten Werte weiterhin Gültigkeit haben sollen. Der **framebox**-Befehl enthält als zusätzliches Argument in geschweiften Klammern das Wort *Rechteck*. Einen Befehl zur Ausrichtung dieses Textes innerhalb des Rechtecks finden Sie in dieser Definition nicht. Das bedeutet, daß der Text sowohl horizontal als auch vertikal zentriert wird, also genau in der Mitte des Rechtecks steht. Wollen Sie den Text innerhalb eines Rechtecks davon abweichend positionieren, stehen Ihnen die in der Tabelle 8.2 gezeigten Befehle zur Verfügung.

Alle in der Tabelle 8.2 gezeigten Befehle können beliebig miteinander kombiniert werden, um beispielsweise das Wort *Rechteck* in unserem Beispiel am linken Rand des Rechtecks vertikal auszurichten, müßte der vollständige **framebox**-Befehl lauten:

```
\framebox(3,4)[vl]{Rechteck}
```

Aufgabe 8.1: Erzeugen Sie die folgenden Rechteck. Sie sind jeweils 3 x 2 Einheiten groß. Das linke Rechteck hat die Koordinaten $x = 0$ und $y = 0$, das mittlere

Rechteck $x = 4$ und $y = 0$ und das rechte Rechteck $x = 8$ und $y = 0$. Tip: Die für das Zeichnen zu reservierende Fläche muß im Vergleich zu den ersten Beispielen vergrößert werden, damit alle drei Rechtecke Platz finden.

```
1. Rechteck

              2. Rechteck

                              3. Rechteck
```

8.1.3 Zeichen von Linien und Pfeilen

Grundsätzlich erfolgt auch das Zeichnen von Linien mit dem **put**-Befehl. Vor dem Zeichnen einer Linie kann die Linienstärke festgelegt werden. Bei allen durch LaTeX 2ε unterstützten Grafikobjekten funktionieren die beiden Befehle

> `\thinlines`

und

> `\thicklines`

mit denen einfach zwischen einer dünnen und einer dicken Linie umgeschaltet werden kann. Bei vertikalen und horizontalen Linien kann auch der Befehl

> `\linethicknessMaß`

verwendet werden. Durch *Maß* kann eine Strichstärke metrisch definiert werden, also zum Beispiel 1.2 mm. Alle Befehle zur Festlegung einer Strichstärke sind so lange gültig, wie sie nicht durch einen anderen Befehl zum Einstellen der Strichstärke aufgehoben werden. Wird durch Sie eine Strichstärke nicht explizit angegeben, verwendet LaTeX 2ε den Befehl `\thinlines`.

Um eine waagerechte Linie aus dem Koordinatenursprung heraus mit einer Länge von 4 cm zu ziehen, müßte der Befehl lauten:

```
\begin{picture}(12,1)
\put(0.0,0.0){\line(1,0){4}}
\end{picture}
```

Der Punkt zum Ansetzen des Linienzuges ist der Koordinatenursprung. Der Befehl zum Zeichnen der Linie wird durch den Befehl

> `\line`

eingeleitet. Ihm folgt in runden Klammern eine Angabe, die die Steigung der Linie beschreibt. Die beiden innerhalb der Klammern angegebenen Werte repräsentieren genaugenommen die Werte Δx und Δy. In unserem Beispiel verwenden wir Eins und Null. Das bedeutet, daß die Linie waagerecht verlaufen muß, da der y-Wert konstant bei Null bleibt. Im Prinzip könnten in diesem Beispiel auch andere Zahlen stehen, ohne daß sich das Ergebnis ändert. Es muß jedoch deutlich unterstrichen werden, daß LATEX 2_ε nicht alle Zahlen an dieser Stelle zuläßt. Die Angaben für die Definition der Steigung der Linie müssen folgenden Bedingungen entsprechen:

- Die verwendeten Zahlen müssen ganze Zahlen im Bereich 0 ... 6 sein.

- Es dürfen keine gleichen Zahlen verwendet werden. Die einzige Ausnahme ist das Paar (1,1).

- Die verwendeten Zahlen dürfen keinen gemeinsamen Nenner haben. Das Zahlenpaar 2 und 4 wäre also ausgeschlossen, da sie einen gemeinsamen Nenner, nämlich die Zwei haben. Die Konsequenz ist, daß in LATEX 2_ε Linien nicht in beliebiger Richtung verlaufen können.

Die Richtung, in der die Linien gezogen werden, wird durch ein positives oder negatives Vorzeichen bestimmt. Da im oben gezeigten Beispiel positive Werte verwendet werden, verläuft die Linie von links nach rechts.

Die Länge[4] der Linie von 4 cm wird durch das letzte, in geschweiften Klammern folgende Argument definiert. Die Maßeinheit entspricht dabei der im unitlength-Befehl angegebenen Einheit.

Lassen Sie uns nun die letzte Grafik so erweitern, daß aus dem Koordinatenursprung, wie unten zu sehen, eine Linie mit einer Länge von 1,5 cm unter einem Winkel von 45 herausläuft.

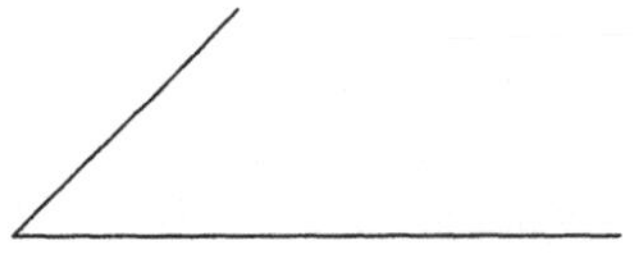

Die Lösung sieht so aus:

```
\begin{picture}(12,2)
\put(0.0,0.0){\line(1,0){4}}
\put(0.0,0.0){\line(1,1){1.5}}
\end{picture}
```

Eine ähnliche Syntax wird für das Erzeugen von Pfeilen verwendet. Der einzige Unterschied zwischen beiden LATEX 2_ε-Grafikobjekten besteht darin, daß beim Generieren von Pfeilen anstelle des Befehls

```
\line
```

der Befehl

---

[4] Geneigte Linien müssen in LATEX 2_ε mindestens 10pt oder 3,6 mm lang sein, um angezeigt werden zu können.

```
\vector
```

verwendet wird. Ansonsten gelten die gleichen Bedingungen und Einschränkungen
wie für den Befehl `\line`.

Während man beim Zeichnen einer Linie nicht sehen konnte, wo ihr Anfang und
Ende ist, trifft das bei Pfeilen nicht zu. Das Ende eines Pfeil ist immer dort, wo
sich die Pfeilspitze befindet. Wie aber erzeugt man den folgenden Pfeil?

Ganz einfach: Durch zwei übereinanderliegende Pfeile mit entgegengesetzter Orientierung. Die Lösung des Problems entnehmen Sie bitte dem folgenden Listing:

```
\begin{picture}(12,1)
\put(0.0,0.0){\vector(1,0){4}}
\put(4.0,0.0){\vector(-1,0){4}}
\end{picture}
```

Aufgabe 8.2: Zum Abschluß dieses Abschnitts sollen Sie das folgende Schema
erzeugen. Bei Problemen lesen Sie bitte nochmals die entsprechenden Stellen nach.
Tip: Sie sollten sich die Grafik zunächst auf einem karierten Blatt oder einem Blatt
Millimeterpapier aufzeichnen. Dadurch wird auch die Fläche schnell deutlich, die
für die Darstellung der Grafik auf der entsprechenden Seite reserviert werden muß.
In diesem Fall können Sie selbstverständlich die benötigten Maße in der Abbildung
8.1 mit einem Lineal abmessen. Beim Erzeugen der Grafik muß ein kleiner Trick
angewandt werden, um die mehrzeiligen Texte in einigen der Kästen zu erhalten.
Da mit dem Befehl `\text` in einem Rechteck kein mehrzeiliger Text möglich ist,
bestehen die Kasten, in denen mehr als eine Zeile Text zu sehen ist, aus mindestens
zwei Rechtecke. Zunächst wird ein großes, mit einer Linie umrandetes Rechteck
erzeugt. In dieses Rechteck werden passgenau Rechtecke ohne Rahmen eingesetzt.
Dabei wird für jede Textzeile ein rahmenloses Rechteck vorgesehen. Die rahmenlose
Rechtecke werden übereinandergestapelt, um das umrahmte Rechteck auszufüllen.
Mit diesen Hinweisen sollte es Ihnen nunmehr möglich sein, die in der Abbildung
8.1 auf der Seite 133 gezeigte Grafik zu generieren und die Lösung im Anhang E zu
verstehen.

8.2   Kreise, Ovale und Bögen

Auch die in diesem Abschnitt beschriebenen Grafikobjekte werden mit dem put-
Befehl an die gewünschte Stelle gesetzt. Der Bezugspunkt dieser Objekte ist stets
der Mittelpunkt bzw. der Punkt, in dem man beim Zeichnen mit einem Zirkel die
Zirkelspitze ansetzen würde. Zum Zeichnen eines Kreises verwendet man den Befehl

```
\circle{Durchmesser}
```

Der folgende Kreis

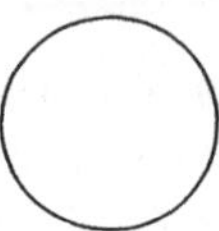

wurde durch die Befehlsequenz

```
\begin{picture}(12,4)
\put(2,2){\circle{2}}
\end{picture}
```

erzeugt. Sie werden sicher schon bemerkt haben, daß dem circle-Befehl nur ein einziges Argument, nämlich der Kreisdurchmesser, übergeben wird. Der circle-Befehl existiert in der Variante

```
\circle*{Durchmesser}
```

Durch die Variante mit dem Zeichen * wird ein schwarz gefüllter Kreis generiert.

Obwohl ein Oval ein Rechteck mit abgerundeten Ecken ist, wird es wie ein Kreis positioniert. Die Koordinatenangaben innerhalb des put-Befehls beziehen sich also auf den Mittelpunkt des Ovals. Ansonsten entspricht die Grundform der Syntax zum Erzeugen eines Ovals der Rechteckdefinition. Das folgende Oval wurde durch:

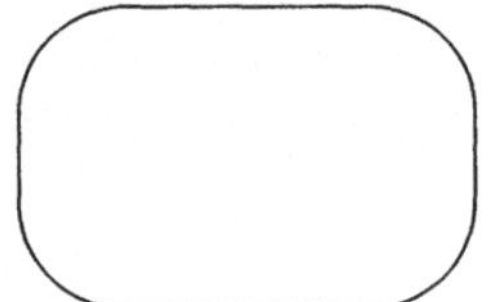

```
\begin{picture}(12,2.5)
\put(2,1){\oval(3,2)}
\end{picture}
```

erzeugt.

Mit dem oval-Befehl haben Sie keinen Einfluß auf den Radius der abgerundeten Ecken. Er wird durch LaTeX 2ε automatisch in Abhängigkeit von den Kantenlängen des Ovals gewählt. Der oval-Befehl kann durch ein zusätzliches Argument jedoch zum Erzeugen von Bögen genutzt werden. Werden ihm in eckigen Klammern die Ihnen bereits bekannten Positionierungsbefehle hinzugefügt, werden durch LaTeX 2ε nur die so spezifizierten Bereiche des Ovals gezeichnet. Sehen sich zum besseren Verständnis die folgenden Beispiele an, die alle vom oben gezeigten Oval ausgehen.

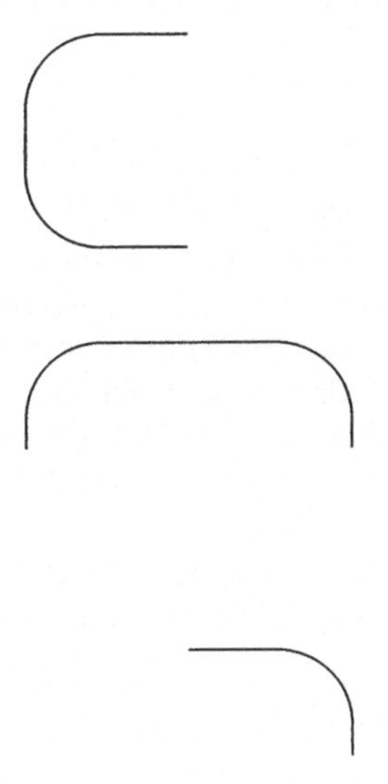

```
\begin{picture}(12,2.5)
\put(2,1){\oval(3,2)[l]}
\end{picture}
```

Hiermit wird nur die linke Seite
des Ovals gezeichnet.

```
\begin{picture}(12,2.5)
\put(2,1){\oval(3,2)[t]}
\end{picture}
```

Hiermit wird nur die obere Seite
des Ovals gezeichnet.

```
\begin{picture}(12,2.5)
\put(2,1){\oval(3,2)[rt]}
\end{picture}
```

Hiermit wird nur der rechte, obere Bogen des Ovals gezeichnet.

8.3 Erzeugen von Bezierlinien

Bezierlinien sind – einfach ausgedrückt – Kurven, die auf der Grundlage mathematischer Formeln, definierte Punkte miteinander verbinden. Um solche Linien in
LaTeX 2_ε verwenden zu können, muß in der Dokumentenpräambel das Paket be-
zier.sty geladen werden. Bezierlinien können beispielsweise verwendet werden, um
solche Grafiken zu erzeugen:

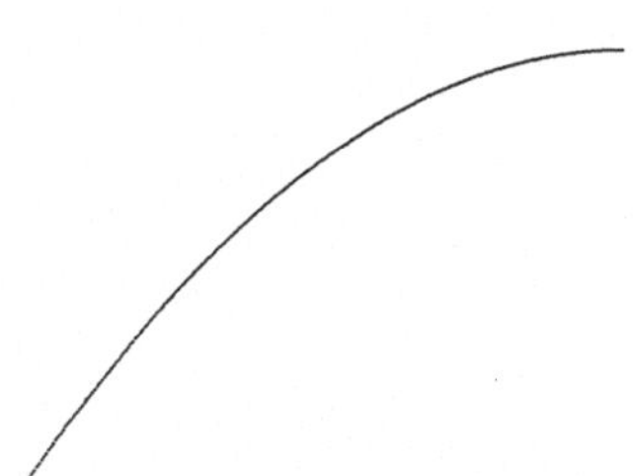

Eine Bezierkurve wird durch drei Punkte bestimmt. Zwei Punkte stehen dabei für
die Endpunkte der Linie, ein Punkt ist sozusagen ein magnetischer Punkt, der die
Gerade zwischen den beiden Endpunkten so manipuliert, daß sie zu einer Kurve

zwischen diesen beiden Punkten wird. Die allgemeine Syntax für das Erzeugen
einer Bezierlinie in LaTeX 2_ε lautet:

```
\bezier{Punktanzahl}(x_1, y_1)(x_2, y_2)(x_3, y_3)
```

Die Endpunkte der Kurve werden dabei durch die Koordinaten (x_1, y_1) sowie $(x_3,
y_3)$ bestimmt. Die Koordinaten des für die Form der Kurve verantwortlichen Punk-
tes sind in (x_2, y_2) enthalten. Eine Bezierlinie ist in LaTeX 2_ε keine durchgehende
Linie, sondern wird aus einzelnen Punkten zusammengesetzt. Deshalb ist es notwendig, dem bezier-Befehl als Argument die Anzahl der Punkte zu übergeben, aus
denen die Kurve gebildet werden soll. Die im Argument *Punktanzahl* festgelegten
Punkte werden gleichmäßig über die gesamte Kurvenlänge verteilt. Es ist daher
durchaus möglich, daß bei einer zu klein gewählten Zahl eine gepunktete Linie entsteht. Wie groß die Anzahl der Punkte sein muß, kann allgemein gültig nicht gesagt
werden. Sie muß im konkreten Fall unter Umständen durch Probieren ermittelt
werden.

Die oben gezeigte Bezierlinie entstand durch die Anweisung:

```
\begin{picture}(12,5)
\bezier{250}(0,0) (2,3) (4,3)
\end{picture}
```

8.4   Text in Grafiken

Soll in Grafiken erläuternder Text verwendet werden, so kann das innerhalb der
picture-Umgebung durch den Befehl:

```
\put(x-Koordinate, y-Koordinate) {Text}
```

erfolgen. *Text* kann dabei ein beliebiger Text sein. Es ist sogar möglich, mit Hilfe
des Befehls \symbol alle druckbaren Zeichen zu verwenden. Damit stehen Ihnen
gleichzeitig weitere Symbole als Grafiksymbole zur Verfügung.

Ein weiteres hilfreiches Mittel zur Verwendung von Text innerhalb von Grafiken ist
der Befehl \shortstack, mit dem Texte erzeugt werden können, wie im folgenden
zu sehen.

```
T
e
x
t
```

Die Anweisung dafür lautet:

```
\begin{picture}(5,3)
```

```
\put(0,0){\shortstack{T\\e\\x\\t}}
\end{picture}
```

Dem Befehl `\shortstack` werden in geschweiften Klammern, die zu „stapelnden"
Wörter oder Zeichen übergeben und jeweils durch das Zeichen `\\` getrennt. Um zu
verstehen, wie der put-Befehl funktioniert, stellen Sie sich den Text mit einem unsichtbaren Rechteck umgeben vor. Die linke, untere Ecke dieses unsichtbaren Rechtecks wird an die im put-Befehl angegebenen Koordinaten gesetzt. Standardmäßig
werden die Wörter und Zeichen zentriert ausgerichtet. Durch die dem shortstack-
Befehl zusätzlich übergebenen Anweisungen [l] bzw. [r] können Sie sie links- bzw.
rechtsbündig ausrichten.

8.5 Eine Erweiterung des put-Befehls

Sollen mehrere gleich große und gleich aussehende Grafikobjekte an unterschiedlichen Stellen plaziert werden, muß man nicht jedes einzelne Objekt mit den put-
Befehl positionieren. Für solche Zwecke kann man den LaTeX 2_ε-Befehl

```
\multiput
```

verwenden. Die vollständige Syntax lautet:

```
\multiput (x-Koordinate,y-Koordinate)(x-Verschiebung,
y-Verschiebung){Anzahl} {Grafikobjekt}
```

Im ersten übergebenen Argument werden die Koordinaten definiert, an denen das
Grafikobjekt erstmals erscheinen soll. Im nächsten Argument wird gesagt, wie groß
die Differenz zum nächsten zu positionierenden Grafikobjekt sein soll. In geschweiften Klammern folgt dann die Angabe der Zahl der zu setzenden Grafikobjekte. Im
letzten Argument wird schließlich das mehrfach zu plazierende Grafikobjekt definiert. Im folgenden sehen Sie das in der Literatur häufig zu findende Beispiel zur
Verdeutlichung der Wirkung des multiput-Befehls.

Dieses Lineal mit einer Zentimeter- und Millimeterskalierung entsteht aus:

```
\begin{picture}(12,1)
\thicklines
\put(0,0){\line(1,0){10}}
\multiput(0,0)(1,0){11}{\line(0,1){0.5}}
\thinlines
\multiput(0.1,0)(0.1,0){100}{\line(0,1){0.25}}
\end{picture}
```

Aufgabe 8.3: Zum Abschluß dieses Kapitels sollen Sie Gelegenheit erhalten, das erworbene Wissen anzuwenden. Erzeugen Sie die unten gezeigte Grafik, in der Sie einige Kenntnisse, die Sie bei der Lektüre dieses Kapitels erworben haben, nutzen können.

Eine schöne Kurve

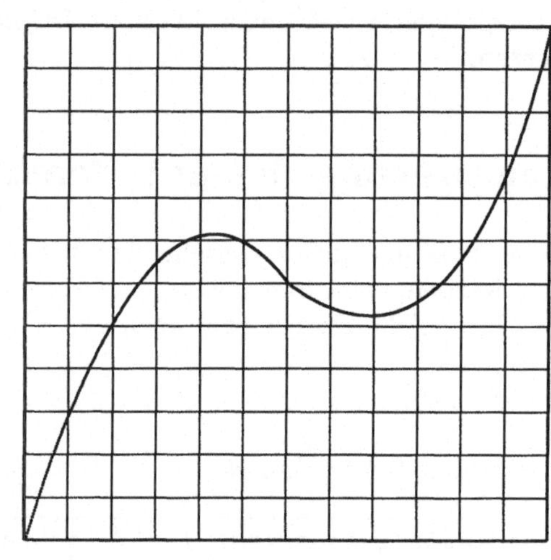

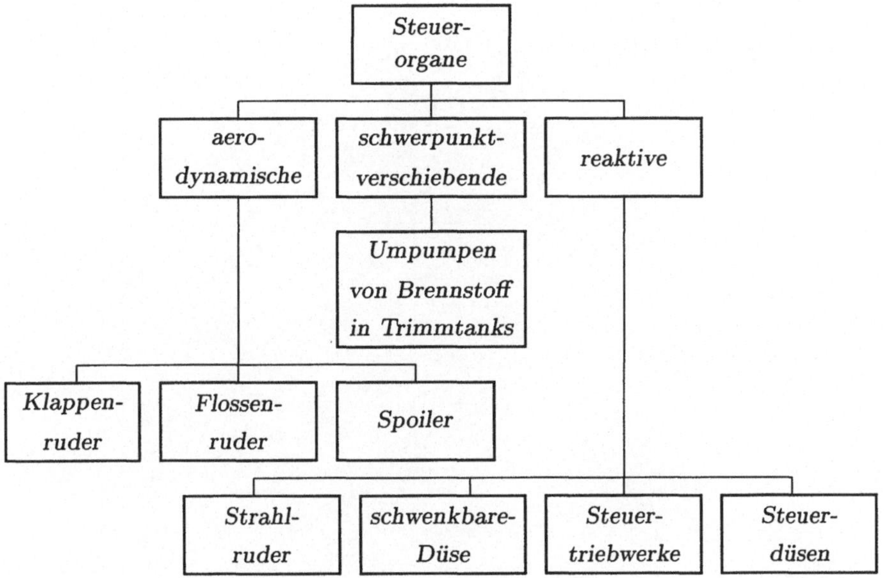

Abbildung 8.1: Muster zur Aufgabe 8.2

Kapitel 9

Verwendung von mit Drittprogrammen erzeugten Grafiken

9.1 Nutzung von LaTeX 2$_\varepsilon$-Befehlen

Die im vorhergehenden Kapitel beschriebenen Verfahren zum Erzeugen von Grafiken sind für einfache Grafiken durchaus anwendbar. Bei komplizierteren Darstellungen sind sie einfach nicht mehr zeitgemäß. Es gibt zwar für den Einsatz mit LaTeX entwickelte Zusatzprogramme, mit denen man – gewissermaßen interaktiv – Grafiken am Bildschirm entwerfen und sie dann in ein für LaTeX 2$_\varepsilon$ verständliches Format exportieren kann. Doch in der Regel wird man sich solcher Programme nicht bedienen, da Grafiken, die man in seine wissenschaftliche Abschlußarbeit einbinden will, häufig bereits in digitaler Form vorliegen. Der Maschinenbauer wird seine technischen Zeichnungen mit einem CAD-Programm erstellt haben. Der Betriebswirtschaftler läßt seine Grafiken aus Exceltabellen automatisch generieren. Beide werden kaum ein Interesse haben, ihre Werke mit den Mitteln von LaTeX 2$_\varepsilon$ nochmals zu erschaffen. Es muß also eine Möglichkeit her, mit der solche Grafiken in ein mit LaTeX 2$_\varepsilon$ gesetztes Dokument eingebunden werden können.

Grundsätzlich gibt es eine solche Möglichkeit in LaTeX 2$_\varepsilon$. Dazu könnte man den TeX-Befehl

```
\special
```

verwenden. Bei der Bearbeitung des Textes mit LaTeX 2$_\varepsilon$ bewirkt dieser Befehl nichts weiter als daß innerhalb des gesetzten Dokumentes der Platz reserviert wird, den die einzubindene Grafik benötigt.

Als Argument könnte diesem Befehl der Name einer einzubindenen Grafikdatei übergeben werden. Bei der Voransicht bzw. beim Drucken des Dokuments würde dann die Grafik eingebunden werden. Diese Methode ist allerdings stark hardwareabhängig. Es hängt einzig und allein von den Fähigkeiten des verwendeten Druckers und Druckertreibers ab, ob ein bestimmtes Grafikformat gedruckt werden kann oder nicht. Außerdem halten die Druckertreiber nicht immer das, was sie versprechen. Aus diesem Grund, will ich diese Möglichkeit nicht weiter erörtern und Sie auf die nächsten Abschnitte verweisen.

Ich will Ihnen in diesem Kapitel zwei Methoden zeigen, wie Sie Grafiken, die Sie mit anderen Programmen erstellt haben, in Ihre Arbeit einbinden können. Dabei beschäftigen wir uns zunächst mit dem Einbinden von Bitmapgrafiken mit Hilfe des von Friedhelm Sowa entwickelten Programms bm2font . Anschließend beschäftigen wir uns mit der Verwendung von PostScriptgrafiken – oder um ganz korrekt zu sein – mit der Einbindung von Dateien im EPS-Format.

9.2   Verwendung von Bitmapgrafiken

Das Programm bm2font funktioniert – allgemein ausgedrückt – so, daß es eine Grafik in einem bestimmten Format einliest und daraus Zeichensätze und eine Textdatei im LaTeX-Format generiert. Das bedeutet, daß die eingelesene Bitmap-Datei in einen für LaTeX 2_ε verständlichen Zeichensatz konvertiert wird. Dieser Zeichensatz wird durch die Textdatei im LaTeX-Format so zusammengesetzt, daß die Ausgangsgrafik im Dokument erscheint.

Wieviele Zeichensätze entstehen, hängt von der Größe der Ausgangsdatei ab. Alle durch bm2font erzeugten Dateien haben die gleiche Bezeichnung wie die Ausgangsgrafik. Werden mehrere Zeichensätze aus der Grafik erzeugt, wird an ihre Bezeichnung ein Buchstabe angefügt. Das Vorgehen soll anhand der Abbildung 9.1 erläutert werden.

Als Ausgangsgrafik lag eine Grafik mit der Bezeichnung go.gif vor. Durch den Befehl

```
bm2font go.gif
```

wurde der Konvertierungsvorgang eingeleitet. Dabei entstanden die Zeichensätze goa.pk, gob.pk, goc.pk, goa.tfm, gob.tfm und goc.tfm sowie die Datei go.tex. Wenn die Pfade, in denen sich die Zeichensätze befinden, bekannt sind[1], werden die generierten Zeichensätze automatisch in die richtigen Verzeichnisse kopiert. Die Datei mit der Endung tex sollte von Hand in das Verzeichnis kopiert werden, in dem sich das Dokument befindet, in das die Grafik eingebunden werden soll.

Damit die Grafik auch tatsächlich im Dokument erscheint, muß zunächst die durch bm2font erzeugte Datei mit der Endung tex eingebunden werden. Im beschriebenen Beispiel handelt es sich um die Datei go.tex. An die Stelle, an der die Grafik erscheinen soll, habe ich den Befehl \input {go} geschrieben. Mit ihm wird die

---

[1] Wenn Sie emTeXso, wie im Anhang A beschrieben, installiert haben, sind die Pfade eingerichtet.

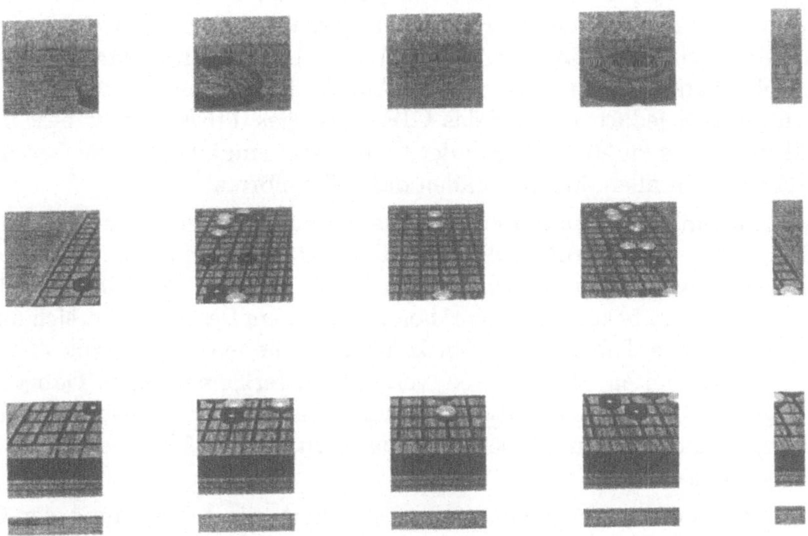

Abbildung 9.1: Beispiel einer durch bm2font entstandenen Grafik

Datei go.tex geladen und so behandelt, als ob sie an der Stelle stünde, an der
der Befehl \input steht. Im letzten Schritt muß die bereits eingebundene Grafik
nur noch sichtbar gemacht werden. Das geschieht durch den Befehl \set, an den
sich unmittelbar – also ohne trennendes Leerzeichen – der Name der Grafik (ohne
Dateiendung) anschließt. Zum Sichtbarmachen der Abbildung 9.1 mußte ich also
den Befehl \setgo verwenden.

Um das Programm bm2font in der beschriebenen Weise nutzen zu können, müssen
die Ausgangsgrafiken im einem durch bm2font unterstützen Bitmapformat vorliegen. Zu diesen Formaten gehören PCX-Grafiken mit maximal 256 Farben oder
Graustufen, GIF-Dateien, die nicht aus mehreren Bildern bestehen, BMP-Dateien
ohne RLE-Komprimierung, IFF-Dateien, TIFF-Dateien, IMG-Dateien und Dateien
im CUT-Format . Wenn Sie mit Windows ohne weitere Zusatzprogramme arbeiten, können Sie bereits Grafikdateien im PCX- oder BMP-Format erzeugen und
speichern. Das GIF-Format findet gegenwärtig noch weite Verbreitung in Online-
Diensten wie CompuServe sowie im Internet. Aus lizenzrechtlichen Gründen wird
die Verbreitung dieses Formats allerdings eher zurückgehen. TIFF-Dateien werden
wegen ihrer außerordentlichen Flexibilität in bezug auf die Fähigkeit zum Speichern
von Graustufen- und Farbabbildungen sowie die Komprimiermöglichkeiten bei der
Arbeit mit DTP-Programmen bevorzugt. Programme, die Scannern beiliegen, erzeugen in der Regel Grafiken im TIFF-Format. Die Grafikformate IFF, IMG und
CUT finden in der PC-Welt kaum Verwendung.

Wenn die Grafik, die Sie in Ihre Arbeit einbinden wollen, in keinem der genannten Formate vorliegt, müssen Sie sie konvertieren. Dazu bietet sich das Shareware-Programm PaintShop Pro an, das eine sehr große Anzahl von Grafikformaten lesen und schreiben kann. Mit diesem Programm bereitet es beispielsweise auch keine Schwierigkeiten, eine Zeichnung im DXF-Format in eine Bitmapgrafik umzuwandeln. In Abhängigkeit davon, wie groß die Anzahl der Farben innerhalb der Grafik ist, sollten Sie sich jedoch nur auf das GIF- bzw. das TIFF-Format beschränken. Bei Grafiken mit bis zu 256 Farben oder Graustufen empfehle ich die Verwendung des GIF-Formats in allen anderen Fällen das TIFF-Format.

Das Programm bm2font kann mit einer Reihe von zusätzlichen Parametern aufgerufen werden, mit denen die Bildgröße, der Bildkontrast u.ä. eingestellt werden können. Diese Parameter sollen jedoch nicht erläutert werden. Mit Bildbearbeitungsprogrammen wie dem bekannten PaintShop Pro aus dem Sharewarebereich oder mit Adobe Photoshop aus dem Profibereich können Sie die jeweilige Grafik nach Ihren Vorstellungen bearbeiten, retouchieren, vergrößern, verkleinern usw. Dabei können Sie das Ergebnis Ihrer Manipulationen unmittelbar am Bildschirm verfolgen, die Grafik in ihrem endgültigen Aussehen abspeichern, mit bm2font konvertieren und in Ihre Arbeit einbinden.

Durch die Verwendung von bm2font kann sich auch die Verwendung der Grafikfunktionen von LaTeX 2_ε erübrigen. Darstellungen, die Sie zur Übung im Kapitel 8 angefertigt haben, lassen sich besser mit einem dafür entwickelten Programm wie Powerpoint, Adobe Illustrator, CorelDRAW oder Micrografx Designer anfertigen. Diese Programme verfügen in der Regel auch über eine Funktionen zum Exportieren der mit ihnen erstellten Grafiken in ein Bitmapformat. Wenn Ihnen solche Programme zur Verfügung stehen, sollten Sie weiterhin mit ihnen arbeiten und die durch Sie erzeugten Grafiken in ein Format konvertieren, das durch bm2font verarbeitet werden kann.

9.3 Verwenden von Dateien im EPS-Format

Die eben gezeigte Variante mag für bestimmte Zwecke genügen. Besser wäre es, Grafiken im Postscript-Format bzw. im EPS-Format zu verwenden. EPS steht für *Encapsulated PostScript*. Dieses Format wird im Profibereich verwendet, um Grafiken plattform- und applikationsübergreifend auszutauschen und zu verwenden. Wenn es eine Möglichkeit gäbe, Dateien im EPS-Format in LaTeX 2_ε-Dokumente einzubinden, sollte sie verwendet werden, denn nahezu alle heute verwendeten Grafikprogramme sind in der Lage, die erzeugten Werke in das EPS-Format zu exportieren.

9.3.1 Erste Schritte mit graphics

Das Einbinden von Dateien im EPS-Format wird durch die Pakete graphics und seinen „großen" Bruder graphicx – das x steht für *extended* ermöglicht. Sie müssen eines dieser Pakte in der Dokumentenpräambel Ihres Dokumentes als zu ladendes Paket angeben. Verwenden Sie dazu den Befehl

```
\usepackage{graphics}
```

bzw. den Befehl

```
\usepackage{graphicx}
```

Für die meisten Zwecke sollte das erstgenannte Paket ausreichen. Ich beschränke mich daher auf die Erläuterung seiner Verwendung.

9.3.2   Einbinden einer EPS-Datei

Um eine Datei im EPS-Format in das LaTeX 2_ε-Dokument einbinden zu können, hält das Paket graphics den Befehl

```
\includegraphics
```

bereit. Die vollständige Syntax dieses Befehls lautet

```
\includegraphics[llx, lly][urx, ury]{Datei}
```

Die Parameter *llx* (x-Koordinate der unteren linken Ecke, *lly* (y-Koordinate der unteren linken Ecke), *urx*(x-Koordinate der oberen rechte Ecke) und *ury*(y-Koordinate der oberen rechten Ecke) definieren die Position der einzubindenden Grafik. Die Parameter für die Defintion der Lage der Grafik können weggelassen werden. Es ist auch möglich, nur einen Grafikparameter anzugeben. Dann wird angenommen, daß es sich um die Koordinaten der rechten oberen Ecke handelt und daß die linke untere Ecke die Koordinaten [0, 0] haben soll und sich demzufolge am linken Seitenrand befindet.

Nicht weggelassen werden darf der Parameter in den geschweiften Klammern, der angibt, welche Grafikdatei geladen werden soll.

Wollen wir also beispielsweise eine Grafikdatei mit der Bezeichnung neu.eps in unser Dokument einbinden, muß der Befehl folgendermaßen lauten:

```
\includegraphics{neu.eps}
```

Mit dem gezeigten Befehl habe ich die Abbildung 9.2 in dieses Buch eingebunden. Sie zeigt übrigens eine Seite dieses Buches.

Bei genauer Betrachtung der Abbildung 9.2 wird klar, daß in ihr eine verkleinerte Darstellung einer Seite dieses Buches gezeigt wird. Und es ist tatsächlich so, daß ich den oben gezeigten Befehl zwar verwendet, die Grafik jedoch verkleinert habe. Dazu habe ich mich eines Befehl bedient, der ebenfalls durch graphics bereitgestellt wird. Es handelt sich dabei um den Befehl \scalebox, dessen vollständige Syntax folgendermaßen lautet:

Abbildung 9.2: Eingebundene EPS-Datei

> `\scalebox{h-Faktor}[v-Faktor] {objekt}`

h-Faktor ist der Wert, um den das zu skalierende Objekt in horizontaler Richtung
skaliert wird. Entsprechend steht *v-Faktor* für den Skalierungsfaktor in vertikaler
Richtung. Dieser Wert kann weggelassen werden. In dem Fall wird als Faktor für
das Skalieren in vertikaler Richtung der Faktor für das Skalieren in horizontaler
Richtung verwendet, der zwingend erforderlich ist. Der Parameter *objekt* kann
sowohl einen Text als auch eine Grafik enthalten. Die in der Abbildung 9.2 gezeigte
EPS-Datei habe ich durch folgenden Befehl in dieses Buch eingebunden:

> `\scalebox{0.3}{\includegraphics{neu.eps}}`

Aber auch damit haben Sie noch nicht die ganze Wahrheit erfahren. Die Grafik
bekam noch einen Rahmen „verpaßt". Dazu habe ich den Befehl `\fbox` verwendet,
der einen sichtbaren Rahmen erzeugt. Bis hierher lautet der Befehl:

> `\fbox{\scalebox{h-Faktor}[v-Faktor] {objekt}}`

Damit die Grafik durch den Text „fließen" und eine Bildunterschrift bekommen kann,
habe ich den zuletzt gezeigten Befehl in eine figure[2]-Umgebung gestellt, zentriert
und die Abbildung mit einer Bildunterschrift versehen. Letzlich kam die folgende
Befehlssequenz heraus – die nun wirklich die ganze Wahrheit enthält:

---

[2] Diese Umgebung erläutere ich Ihnen am Ende dieses Kapitels ab der Seite 142.

```
\begin{figure}
\begin{center}
\fbox{\scalebox{0.3}{\includegraphics{neu.eps}}}
\end{center}
\caption{Eingebundene EPS-Datei}\label{eps-beispiel}
\end{figure}
```

Um die so eingebundenen EPS-Dateien in Ihrem Dokument ansehen und ausdrucken zu können, müssen Sie einen Druckertreiber und ein Vorschauprogramm verwenden, das in der Lage ist, mit PostScript-Dateien umzugehen. Ich empfehle Ihnen die Verwendung von **dvips**, das Ihnen als Programm zum Konvertieren von dvi zu PostScript dienen wird sowie die beiden Programme **ghostscript** und **gsview**[3] zum Ansehen und Ausdrucken von PostScript-Dateien[4].

Damit die eben beschriebene Methode funktioniert, müssen Sie die genannten Programme installiert haben. Sie müssen darüber hinaus das Paket **graphics** mit einem optionalen Parameter laden, der angibt, welchen Druckertreiber Sie verwenden wollen. Wenn Sie die EPS-Dateien in Ihr Dokument einbinden wollen, bleibt Ihnen keine andere Möglichkeit, als die genannte. Sie sollten also **dvips** verwenden. In der Präambel Ihres Dokuments muß demzufolge folgender Befehl stehen:

```
\usepackage[dvips]{graphics}
```

Wenn Sie sehen wollen, wie die EPS-Dateien in Ihr Dokument eingebunden wurden, rufen Sie zunächst aus MicroEmacs LaTeX 2_ε auf. Anschließend starten Sie durch den Aufruf des Menüs DVIPS das gleichnamige Programm, um die dvi-Datei in eine PostScript-Datei umzuwandeln. Anschließend starten Sie durch Anklicken des Menüs GhostView das Programm GSView, um sich das Ergebnis Ihrer Bemühungen anzusehen. Aus GSView können Sie die entstandene Datei auch drucken.

9.3.3 Weitere graphics-Befehle

Im vorhergehenden Abschnitt haben wir gesehen, wie mit dem Paket **graphics** Grafikdateien im EPS-Format in ein LaTeX 2_ε-Dokument eingebunden werden kann. Es sollen nun weitere Befehle aus diesem Paket besprochen werden.

Der oben erläuterte Befehl \includegraphics existiert auch als Variante mit einem *. Er hat folgende Syntax:

```
\includegraphics*[llx, lly][urx, ury]{datei}
```

Diese Variante des Befehls bewirkt, daß die Bereiche der Grafik, die über den spezifizierten Bereich hinausgehen, abgeschnitten – also nicht angezeigt werden – werden.

---

[3] Wenn Sie die Adobe-Produkte Acrobat Exchange, Acrobat Distiller und Acrobat Reader besitzen, können Sie sie natürlich auch verwenden.

[4] Die Installation und Konfiguration der genannten Programme zeige ich Ihnen im Kapitel A. Dort sehen Sie auch, wie die Programme aus MicroEmacs aufgerufen werden können, und Sie wirklich komfortabel mit ihnen arbeiten können.

Um bei der Angabe der Datei nicht immer den vollständigen Pfad angeben zu müssen, wenn sich die Grafik nicht im aktuellen Verzeichnis befindet, enthält das Paket graphics einen Befehl, in dem alle Verzeichnisse angegeben werden können, in denen nach Grafikdateien gesucht werden soll. Der Befehl lautet:

```
\graphicspath{Verzeichnisliste}
```

Jeder Eintrag der *Verzeichnisliste* muß separat in geschweifte Klammern stehen. Betrachten wir dazu das folgende Beispiel:

```
\graphicspath{{c:/gstools/gs5.03/}{c:/images/}}
```

Hier werden zwei Pfade angegeben, in denen nach Grafikdateien gesucht werden soll. Jeder Pfad steht innerhalb von geschweiften Klammern. Beachten Sie bitte, daß für die Pfadangabe für ein DOS-System nicht der Backslash verwendet wird, sondern der einfache Schrägstrich. Wird innerhalb eines LaTeX 2_ε-Dokuments der oben gezeigte Befehl verwendet, werden die Grafiken in allen Verzeichnissen gesucht, in denen LaTeX 2_ε standardmäßig nach Dateien sucht sowie in den beiden angebenen Pfaden. Damit ist es möglich die Datei `tiger.eps` aus dem Ghostscript-Verzeichnis in das aktuelle Dokument einzubinden (siehe Abbildung 9.3)[5]. Ich verwende dazu – Sie werden es sicher schon vermuten – den Befehl:

```
\includegraphics{tiger.ps}
```

Zu guter Letzt will ich Ihnen noch einen sehr interessanten Befehl aus dem Paket graphics vorstellen. Es handelt sich dabei um einen Befehl zum Rotieren von Text und Grafik. Die Syntax dieses Befehls lautet:

```
\rotatebox{winkel}{objekt}
```

winkel steht dabei für den Rotationswinkel in Grad. Möglich sind positive und negative Werte. Positive Werte bewerirken eine Drehung entgegen dem Uhrzeigersinn. *objekt* kann sowohl ein Text als auch eine Grafik sein. Sehen Sie sich die Abbildung 9.4 an.

9.4   Gleitende Grafiken

Über gleitende Grafiken gilt grundsätzlich das, was im Kapitel 4 über gleitende Tabellen gesagt wurde. Sie schwimmen über den sie ungebenden Text und werden durch LaTeX 2_ε an eine Position gesetzt, die zu einem ausgewogenen und typographisch ansprechenden Ergebnis führt.

Eine gleitende Grafik wird erzeugt, indem ein Grafikobjekt in eine Umgebung gestellt wird, die durch die Befehle

---

[5] Diese Datei habe ich zuvor mit GSView aus der Datei `tiger.ps` erzeugt

Abbildung 9.3: Aus beliebigem Pfad eingebundene Grafik

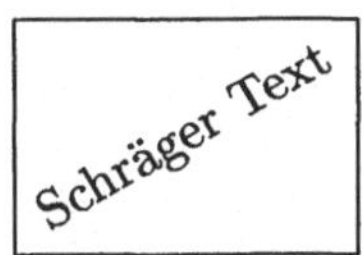

Abbildung 9.4: Beispiel für eine Textdrehung

```
\begin{figure}
```

und

```
\end{figure}
```

gebildet wird.

Dieser gleitenden Grafik kann eine Überschrift oder „Unterschrift" zugewiesen werden. Dazu wird wie bei einer gleitenden Tabelle der Befehl

```
\caption
```

verwendet.

Auf eine gleitende Grafik kann ein Querverweis gerichtet sein. Die dafür notwendige Marke wird mit dem Befehl

`\label` erzeugt, der hinter den `\caption`-Befehl geschrieben wird.

Kapitel 10

Arbeiten mit Verweisen

Wissenschaftliche Arbeiten bringen es mit sich, daß immer wieder auf bestimmte Textstellen, Abbildungen, Tabellen u.ä. verwiesen werden muß. Das darf selbstverständlich nicht in einer Form wie der folgenden geschehen: „*Vgl. auch die Textstelle auf der Seite mit der großen Tabelle, vierte Zeile von oben, drittes Wort von links.*" Und wenn Sie in Ihrer Arbeit die Relativitätstheorie gekonnt widerlegen: Mit einem solchen Querverweis wären Sie aus dem Rennen.

Querverweise können dazu beitragen, die Anzahl redundanter Textstellen zu verringern. Anstatt bestimmte Aussagen immer wieder zu wiederholen, reicht es aus, auf einen einmal geschriebenen Text oder eine bereits angelegte Tabelle oder eingefügte Grafik zu verweisen. Querverweise sollten allerdings auch sparsam eingesetzt werden. Hüten Sie sich davor, den Leser Ihrer Arbeit mit Querverweisen durch Ihre Arbeit zu „jagen". Wenn er sich dank Ihrer Querverweise erst hoffunungslos in den Tiefen Ihrer Publikation verirrt hat, werden Sie ihn kaum zum erneuten Lesen bewegen können. Auch hier gilt wie so oft: weniger ist manchmal mehr.

Verweise auf andere Textstellen, Abbildungen oder Tabellen müssen eindeutig sein und es dem Leser ermöglichen, ohne Schwierigkeiten die angegebene Textstelle zu finden. Eine Verweis auf eine Abbildung könnte beispielsweise so aussehen: „*siehe auch Abbildung 3.12*". Bedingung ist, daß es in der gesamten Arbeit nur eine Abbildung mit dieser Nummer gibt. Wenn sich die Textstelle, auf die verwiesen wird, nicht auf der Seite befindet, auf der sich der Verweis auf diese Textstelle befindet, sollte in den Querverweis die Seitennummer der entsprechenden Seite mit angegeben werden. Das oben gezeigte Beispiel könnte dann diese Form haben: „*siehe auch Abbildung 3.12 auf der Seite 132*". Damit ist sichergestellt, daß der Leser Ihrer Arbeit unkompliziert die Stelle finden kann, auf die Sie sich aktuell beziehen.

10.1   Verweise auf Textstellen

Das Anlegen und die Verwaltung solcher Querverweise geschieht weitgehend automatisch. Quververweise werden in LaTeX 2_ε nach folgendem Prinzip angelegt: Innerhalb des Textes müssen Marken angelegt werden, auf die im Verlauf des Textes
verwiesen werden kann. Das erfolgt durch den Befehl

> `\label`

dem in geschweiften Klammern die Bezeichnung dieser Marke übergeben wird. Um
sich im Text auf diese Marke beziehen zu können, verwenden Sie den Befehl

> `\ref`

dem in geschweiften Klammern als Argument die Bezeichnung der Marke übergeben wird, auf die Sie sich beziehen. Im Text erscheint an der Stelle, an der der
Befehl `\ref` steht, die Nummer der Gliederungsebene, innerhalb derer sich der entsprechende Befehl `\label` befindet. Steht die Marke, auf die Sie sich beziehen,
beispielsweise im Abschnitt 3 des Kapitels 4, erscheint anstelle des Befehls `\ref` der
Ausdruck *4.3*. Um im Verlauf der Arbeit die Nummer der Seite verwenden zu klön-
nen, auf der sich Gliederungsüberschriften befinden, sollten Sie den Befehl `\label`
unmittelbar dem Befehl zur Gestaltung einer Gliederungsüberschrift folgen lassen.

Um nicht nur die Gliederungsebene einer Marke, sondern auch die Nummer der
Seite angeben zu können, auf der sich die Marke befindet, wird der Befehl

> `\pageref`

verwendet. Ihm wird als Argument in geschweiften Klammern ebenfalls die Bezeichnung der Marke übergeben, auf die sich der Verweis bezieht. An der Stelle,
an der sich der Befehl `\pageref` befindet, erscheint im Ausdruck die Nummer der
Seite, auf der der entsprechende label-Befehl steht. Es empfiehlt sich, vor den Befehl `\pageref` das Wort *Seite* zu schreiben, da ansonsten im Text nur die „nackte"
Seitenzahl erschiene. Lassen Sie mich das ganze an einem Beispiel erläutern: Beim
Schreiben dieses Buches habe ich hinter die Überschrift des Kapitels 6, das sich mit
dem Setzen von Formeln beschäftigt, die Marke `\label{formel1}` gesetzt. Um an
dieser Stelle des Buches den Satz zu erzeugen: *Das Kapitel 6 beginnt auf der Seite
85.*, muß folgendes eingegeben werden:

```
Das Kapitel \ref{formel1} beginnt auf der Seite
\pageref{formel1}.
```

Der Autor des Textes muß also nur die Bezeichnungen der durch ihn verwendeten
Marken kennen. Die Seitenzahlen und Kapitelnummern werden durch LaTeX 2_ε
verwaltet und richtig eingesetzt. Gleich zu Beginn Ihrer Arbeit sollten sie sich eine
Tabelle anlegen, in die Sie die verwendete Bezeichnung der Marke und eine kurze
Beschreibung der Marke eintragen. Das erleichtert Ihnen erheblich die Arbeit, da

Sie nicht Gefahr laufen, eine Marke zweimal oder die Bezeichnung einer Marke falsch zu verwenden.

Zu Verweisen, die Seitenzahlen enthalten, sei angemerkt, daß Verweise der Form *Seite 75 ff.* verpönt sind. Anstelle von *ff* sollte die obere Grenze des Bereichs angegeben werden, auf den Sie sich beziehen. Bezieht sich eine solcher Verweis auf einen Bereich Ihrer eigenen Arbeit, können Sie auch ihn automatisch erzeugen lassen. Dazu müssen Sie die entsprechende Textstelle mit Marken am Anfang und am Ende versehen. Wenn Sie also beispielsweise die Befehle

```
\label{anfang}
```

und

```
\label{ende}
```

verwenden, können Sie sich auf den so eingegrenzten Text durch den Ausdruck:

```
Seiten \pageref{anfang} - \pageref {ende}
```

beziehen. Bezogen auf dieses Buch, erzeugt man den Satz: *„Eine Einführung in den Formelsatz mit* LaTeX 2$_\varepsilon$ *wird auf den Seiten 85 - 100 gegeben."* durch den Ausdruck:

```
Eine
Einführung in den Formelsatz mit \LaTeXe\ wird auf den Seiten
\pageref{anfang} - \pageref{ende} gegeben.
```

10.2 Verweise auf Tabellen, Abbildungen und Formeln

Querverweise auf Tabellen, Abbildungen und Formeln unterscheiden sich grundsätzlich nicht von Verweisen auf Textstellen. Auch Sie werden durch die Befehle `\label`, `\ref` und `\pagref` erzeugt. Um allerdings die Nummer der Tabelle, Abbildung oder Formel als Rückgabewert zu erhalten, müssen ein paar Bedingungen erfüllt sein.

Sie erhalten als Querverweis auf Tabellen und Abbildungen nur eine Nummer als Rücjgabewert, wenn es sich bei diesen Strukturen um sogenannte gleitende Objekte handelt, die eine eigene Über- oder Unterschrift besitzen. Das bedeutet, daß sich Tabellen innerhalb einer **table-** und Abbildungen innerhalb eine **figure**-Umgebung befinden müssen. Darüber hinaus muß ihnen über den **caption**-Befehl eine Überschrift zugewiesen worden sein. Diesem Befehl muß der Befehl `\label` folgen.

Die Nummer von Formeln erhalten Sie durch den Befehl `\ref` nur dann, wenn die jeweiligen Formeln in einer **equation-** oder **equnarray**-Umgebung stehen. Die Marke wird innerhalb dieser Umgebungen gesetzt.

Für Querweise auf Formeln verfügt auch $\mathcal{AMS}$-LaTeX über einen Befehl. Wenn Sie anstelle des LaTeX 2_ε-Befehls \ref den $\mathcal{AMS}$-LaTeX-Befehl \eqref verwenden, wird die Formelnummer automatisch mit runden Klammern umgeben. Sehen Sie sich dazu das folgende Beispiel an. Die Formel und der ihr folgende Satz entstehen durch:

```
\begin{equation}\label{test}
x=\sum_{i=0}^{n=199}f(x)
\end{equation}

Die Formel \eqref{test} ist ein Beispiel.
```

$$x = \sum_{i=0}^{n=199} f(x) \tag{10.1}$$

Die Formel (10.1) ist ein Beispiel.

Numerierte Querverweise sind darüber hinaus auf numerierte Aufzählungen möglich. Dazu muß der label-Befehl innerhalb des item-Ausdrucks stehen, auf den sich der Querverweis beziehen soll.

Auf ähnliche Weise können numerierte Querverweise auf selbstdefinierte Definitionsstrukturen erfolgen. Dazu muß der label-Befehl innerhalb der Umgebung stehen, in der sich die Definition befindet, auf die sich der Querverweis bezieht.

Kapitel 11

Erstellen von Verzeichnissen

11.1 Inhaltsverzeichnis

Zu jeder wissenschaftlichen Abschlußarbeit gehört ein Inhaltsverzeichnis, das dem
Leser ein grob gerastertes Navigieren durch die Arbeit ermöglicht, wenn er sie nur
partiell lesen will. Das Inhaltsverzeichnis gibt die Gliederung der Arbeit zusammen
mit den Seitenzahlen wieder, auf denen die Überschriften der einzelnen Gliederungsebenen zu finden sind.

Ich denke, daß es heutzutage kein Streitpunkt mehr ist, ob das Inhaltsverzeichnis am
Anfang oder am Ende der Arbeit stehen soll. Es hat sich mittlerweile eingebürgert,
das Inhaltsverzeichnis an den Anfang einer Arbeit – also auf das Titelblatt folgend
– zu stellen.

Ein weiterer Diskussionspunkt ist die Art der Seitennumerierung des Inhaltsverzeichnisses. Früher war es durchaus üblich, die Seiten dss Inhaltsverzeichnisses mit
römischen Ziffern zu numerieren. Eine solche Art der Numerierung findet man
heute auch im Buchdruck nur noch selten, und es gibt auch keinen vernünftigen
Grund, auf diese Art der Seitennumerierung zurückzugreifen. Das Inhaltsverzeichnis ist eben Teil einer guten wissenschaftlichen Arbeit und kann deshalb auch guten
Gewissens in die Seitennumerierung der gesamten Arbeit einbezogen werden.

Da Sie sich entschlossen haben, Ihre wissenschaftliche Abschlußarbeit mit $\text{\LaTeX}\,2_\varepsilon$
zu setzen, kann ich Ihnen die frohe Botschaft verkünden, daß Sie sich um das Anlegen eines Inhaltsverzeichnisses nicht zu kümmern brauchen. $\text{\LaTeX}\,2_\varepsilon$ legt für Sie
– wenn Sie das wollen – automatisch ein Inhaltsverzeichnis an. Dafür entnimmt es
dem gesamten Dokument die Titel und Seitenzahlen aller Gliederungspunkte und
baut daraus das Inhaltsverzeichnis zusammen. Damit dieser Prozeß erfolgreich ist,
muß das Dokument allerdings zweimal durch $\text{\LaTeX}\,2_\varepsilon$ bearbeitet werden. Bei der
ersten Bearbeitung legt $\text{\LaTeX}\,2_\varepsilon$ eine Hilfsdatei an, in der neben anderen Informationen die Daten abgelegt werden, die für das Inhaltsverzeichnis von Bedeutung
sind. Bei der zweiten Bearbeitung entnimmt $\text{\LaTeX}\,2_\varepsilon$ die Daten dann dieser Hilfs-

datei und läßt sie in das Inhaltsverzeichnis einfließen.

Die Konsequenz aus dieser Beschreibung ist, daß der Text zweimal durch LaTeX bearbeitet werden muß, und daß zwischen diesen Bearbeitungen keine Änderungen am Text vorgenommen werden. Würde beispielsweise zwischen den beiden Bearbeitungen Text eingefügt oder gelöscht werden, würden unter Umständen die in der Hilfsdatei gespeicherten Daten nicht mehr dem aktuellen Textstand entsprechen und zu einem fehlerhaften Inhaltsverzeichnis führen. Wenn ich also von zwei Bearbeitungen spreche, meine ich zwei Bearbeitungen, die fehlerfrei abliefen. Wurde eine Bearbeitung durch LaTeX 2$_\varepsilon$ wegen eines Fehlers unterbrochen, ist die Zählung der Bearbeitungen wieder bei Eins zu beginnen.

Ich habe diesen Vorgang deshalb so ausführlich beschrieben, weil er auch bei den anderen Verzeichnisarten, die wir weiter unten in diesem Kapitel besprechen werden, wichtig ist.

Die für das Anlegen eines Inhaltsverzeichnisses wichtigen Daten werden also bei jeder LaTeX 2$_\varepsilon$-Bearbeitung gespeichert. Um daraus ein Inhaltsverzeichnis entstehen zu lassen, muß innerhalb des Dokumententeils – genaugenommen an der Stelle, an der das Inhaltsverzeichnis eingefügt werden soll – der Befehl

```
\tableofcontents
```

gesetzt werden. Das Inhaltsverzeichnis wird so in das Dokument eingefügt, daß es auf einer neuen, ungeraden Seite beginnt. Wenn Sie das Zusatzpaket **german** verwenden, erhält es die Überschrift Inhaltsverzeichnis.

In das Inhaltsverzeichnis werden all jene Gliederungsebenen aufgenommen, die eine Nummer besitzen. Wie Sie die Tiefe der Numerierung ändern können, haben Sie im Kapitel 1 auf der Seite 27 erfahren.

11.2   Tabellen- und Abbildungsverzeichnisse

Ähnlich einfach werden Verzeichnisse von Tabellen und Abbildungen erzeugt. Bedingung für die automatische Aufnahme von Tabellen und Abbildungen in das jeweilige Verzeichnis ist, daß sie numeriert sein müssen. Dazu müssen sich diese Strukturen innerhalb einer **table**- bzw. **figure**-Umgebung befinden und durch den **caption**-Befehl einen Titel erhalten haben. Wenn diese Bedingungen erfüllt sind, erzeugen Sie ein Tabellenverzeichnis, indem Sie an die Stelle, wo das Tabellenverzeichnis erscheinen soll, den Befehl

```
\listoftable
```

ein. Für das Erzeugen eines Abbildungsverzeichnisses verwenden Sie den Befehl

```
\listoffigures
```

Wünschen Sie in die genannten Verzeichnisse Einträge aufzunehmen, die durch LaTeX 2$_\varepsilon$ nicht automatisch aufgenommen werden, stehen Ihnen dazu zwei Befehle zur Verfügung. Der erste Befehl hat folgende Syntax:

```
\addcontentsline{Verzeichnistyp}{Gliederungstyp}{Text}
```

Innerhalb des Arguments *Verzeichnistyp* legen Sie fest, in welche Art von Verzeichnis dern Eintrag aufgenommen werden soll. Mögliche Argumente sind dabei *toc* für das Inhaltsverzeichnis, *lot* für das Tabellenverzeichnis und *lof* für das Abbildungsverzeichnis. Mit dem Argument *Gliederungstyp* legen Sie das Format fest, indem der Eintrag im jeweiligen Verzeichnis erscheinen soll. Referenz ist hierbei die Art, wie die einzelnen Gliederungsebenen im Inhaltsverzeichnis dargestellt werden. Verwenden Sie beispielsweise *section* erfolgt die Darstellung wie bei der Überschrift eines Abschnitts, wählen Sie hingegen *chapter* wird der Eintrag wie die Überschrift eines Kapitel formatiert. Im Argument *Text* erscheint schließlich der Text, der im jeweiligen Verzeichnis stehen soll.

Der zweite Befehl, mit dem Text sozusagen manuell in ein Verzeichnis aufgenommen werden kann, hat die Syntax

```
\addtocontents{Dateityp}{Text}
```

Mit diesem Befehl können Sie einen beliebigen Text in ein Verzeichnis einfügen. Der so definierte Text erscheint ohne Seitenangaben im Verzeichnis. Als *Dateityp* verwenden Sie die im Zusammenhang mit dem Befehl `\addcontentsline` genannten Argumente. *Text* ist auch hier der Text, der im jeweiligen Verzeichnis erscheinen soll.

11.3 Abkürzungsverzeichnisse

Eine wissenschaftliche Publikation sollte nach Möglichkeit ein Abkürzungsverzeichnis enthalten. In diesem Verzeichnis sollten alle im Text verwendeten Abkürzungen erläutert werden, wenn sie nicht als allgemein bekannt vorausgesetzt werden können.

Leider gibt es in LaTeX 2_ε standardmäßig keine Funktion, die ein Abkürzungsverzeichnis erzeugt. Mit dem in den vorangegangenen Kapiteln sollte es Ihnen allerdings nicht schwerfallen, ein solches Verzeichnis zu erzeugen bzw. die Erläuterungen in diesem Abschnitt zu verstehen. Die Abkürzungen werden zusammen mit den Erläuterungen in eine Tabelle geschrieben. Verwenden Sie dazu eine mit dem Paket **longtable** generierte Tabelle. Unter Umständen können Sie die Tabelle zu gestalten, daß bei einem längeren Abkürzungsverzeichnis die Kopfzeile der Tabelle auf jeder neuen Seite wiederholt wird. Informationen dazu finden Sie ab der Seite 76.

Die Tabelle besteht aus zwei Spalten, von denen die erste die Abkürzungen und die zweite Spalte die Erläuterungen aufnimmt. Die Abkürzungen sollten in alphabetischer Reihenfolge in der Tabelle erscheinen. Da LaTeX 2_ε hierfür keine Funktionen bereitstellt, müssen Sie für die richtige Reihenfolge sorgen.

Die so entstandene Tabelle speichern Sie in einer separaten Datei ab und tragen nach und nach die vorkommenden Abkürzungen ein.

Das Abkürzungsverzeichnis erhält als Titel den Begriff *Abkürzungsverzeichnis*, der dem Befehl `\chapter` als Argument übergeben wird. Damit im Dokument die durch LaTeX 2$_\varepsilon$ automatisch erfolgende Ausgabe des Wortes Kapitel und der entsprechenden Kapitelnummer unterdrückt wird, verwenden Sie die Sternform des Befehls `\chapter`. Die vollständige Syntax lautet demnach:

```
\chapter*{Abkürzungsverzeichnis}
```

Kapitel 12

Erzeugung eines Stichwortverzeichnisses

Ein Stichwortverzeichnis ist ein Hilfsmittel, das es dem Leser ermöglicht, auf einfache Weise eine bestimmte Textstelle zu finden. Stichwortverzeichnisse können eine „Kraut- und Rübensammlung" von Stichworten aber auch ein thematisch ausgerichtetes Verzeichnis sein. So kann man sich beispielsweise ein Verzeichnis vorstellen, das alle in einem Werk vorkommenden Namen enthält.

Das Anlegen eines Stichwortverzeichnisses ist nicht so trivial, wie es auf den ersten Blick erscheinen mag. Um den Leser gezielt an die gewünschte Stelle zu führen, muß sorgfältig entschieden werden, auf welche Stelle man den Leser „springen" läßt, wenn er im Index einen Begriff gefunden hat. Es sollten im Index keineswegs die Seitenzahlen aller Seiten erscheinen, auf denen der jeweilige Begriff vorkommt, sondern nur die Seitenzahlen, wo der Leser auch eine gewisse Information zu dem Begriff bekommt. Eine Ausnahme bilden vielleicht Namensregister, wo man sich vorstellen kann, daß jede Stelle, an der ein Name vorkommt, im Namensregister erfaßt wird.

Ob ein Stichwortverzeichnis in einer wissenschaftlichen Abschlußarbeit notwendig ist, hängt nichtzuletzt vom Umfang der Arbeit ab. In einer vergleichsweise kurzen Arbeit ist in aller Regel das Inhaltsverzeichnis ausreichend, um den Leser an eine bestimmte Textstelle zu führen. Die Entscheidung, ein Stichwortverzeichnis anzulegen oder nicht, liegt also bei Ihnen. Gegebenenfalls sollten Sie Ihren Betreuer in dieser Frage konsultieren.

Bis zu dieser Stelle haben Sie in diesem Buch eigentlich nur rühmliches über das Leistungsvermögen von LaTeX 2_ε erfahren. Jetzt ist jedoch der Moment gekommen, eine Schwachstelle von LaTeX 2_ε zu benennen, und die besteht ausgerechnet in der Erstellung von Stichwortverzeichnissen. LaTeX 2_ε ist zwar in der Lage, ein Stichwortverzeichnis anzulegen, doch das dazu nötige Vorgehen werde ich Ihnen nicht erläutern, weil es einfach zu umständlich ist.

Sie werden jedoch in diesem Kapitel eine Methode erläutert bekommen, mit deren

Hilfe Sie ein Stichwortverzeichnis erstellen können. Dabei werden wir auch nicht ganz ohne LaTeX 2_ε-Befehle auskommen.

Zum Abschluß dieses Kapitels zeige ich Ihnen dann eine Methode, wie Sie mehrere Stichwortregister anlegen, verwalten und ausdrucken können. Damit wird es Ihnen beispielsweise möglich sein, sowohl ein Stichwortregister als auch ein Namensregister anzulegen. Dazu sind allerdings die im folgenden Abschnitt vermittelten Kenntnisse nötig.

12.1 Erzeugung von Indexmarken

Damit ein Stichwortverzeichnis erstellt werden kann, müssen im Texte Markierungen vorhanden sein, auf die im Verzeichnis verwiesen wird. Sie werden durch den Befehl

```
\index{Indexeintrag}
```

erzeugt. *Indexeintrag* ist dabei der Text, der im Stichwortverzeichnis – gefolgt von der entsprechenden Seitenzahl – erscheinen wird. Dieser Indexeintrag kann maximal zwei Untereinträge haben, die ebenfalls in die Klammer eingetragen, und durch das Ausrufezeichen voneinander getrennt werden. Nehmen wir an, daß Sie eine Arbeit über die Geschichte des Segelflugs schreiben. Eine solche Arbeit könnte im Stichwortverzeichnis folgenden Eintrag haben:

Segelflugzeug, 53

>doppelsitziges, 23

>einsitziges, 47

Wir haben es hier mit einem Oberbegriff – nämlich *Segelflugzeug* – und zwei Unterbegriffen – nämlich *doppelsitziges* und *einsitziges* – zu tun. Das es sich bei den beiden letztgenannten Begriffen um Unterbegriffe zum erstgenannten Begriff handelt, wird optisch dadurch deutlich, daß sie eingerückt dargestellt werden. Um den ersten Eintrag des oben gezeigten Beispiels zu erzeugen, muß auf der entsprechenden Textseite der Befehl

```
\index{Segelflugzeug}
```

eingefügt werden. Daraus wird der oben gezeigte Eintrag generiert. Die beiden anderen Einträge werden durch die Befehle

```
\index{Segelflugzeug!einsitziges}
```

bzw.

```
\index{Segelflugzeug!doppelsitziges}
```

erzeugt. Den Untereinträgen selbst kann ebenfalls ein Untereintrag zugeordnet werden. Tiefer können die Indexeinträge nicht verschachtelt werden. Ein Beispiel für eine maximale Verschachtelungstiefe könnte so aussehen:

```
\index{Flugzeug!Segelflugzeug!einsitziges}
```

Die Seitenzahl wird durch LaTeX 2_ε automatisch an den Eintrag im Stichwortverzeichnis gehängt. Dabei wird die Art der Seitennumerierung übernommen, die an der Textstelle wirksam ist, an der der Indexeintrag steht. Das bedeutet, daß im Stichwortverzeichnis eine römische Zahl ausgegeben wird, wenn die Seitennumerierung an der entsprechenden Textstelle in römischen Ziffern erfolgt.

Die Indexeinträge im Stichwortverzeichnis können nicht nur auf eine einzelne Seite sondern auch auf eine Folge von Seiten verweisen und die folgende Form haben:

Segelflugzeug, 53-58

Um einen solchen Eintrag zu erzeugen, muß ein Indexeintrag auf der Seite stehen, auf der die Textpassage beginnt und ein weiterer Indexeintrag auf der Seite, auf der die Textpassage endet. Der in beiden Indexeinträgen stehende Begriff muß gleich sein. Damit im Stichwortverzeichnis nicht ein Eintrag der Form *Segelflugzeug, 53, 58* erzeugt wird, muß die Schreibweise beider Indexeinträge wie folgt lauten: Auf der Seite 53 muß der Befehl

```
\index{Segelflugzeug|(}
```

und auf der Seite 58 der Befehl

```
\index{Segelflugzeug|)}
```

verwendet werden. Als Zeichen dafür, daß eine Textpassage kenntlich gemacht werden soll, wird an den Indexeintrag zunächst das Zeichen | gesetzt. Ihm folgt die öffnende runde Klammer am Beginn der Textpassage und die schließende runde Klammer am Ende der Textpassage.

Mit LaTeX 2_ε können Sie auch Querverweise auf Einträge des Stichwortverzeichnisses erzeugen. Man sollte allerdings mit solchen Querverweisen sparsam umgehen. Ich ärgere micht jedenfalls heftig, wenn ich vom Autor eines Buches erst einmal quer durch das Stichwortverzeichnis „gejagt" werde, bevor er mit die gesuchte Seitenzahl verrät. Ungeachtet dessen, will ich Ihnen nicht das Wissen vorenthalten, das Sie für das Erzeugen solcher Querverweise in Stichwortverzeichnissen benötigen. Nehmen wir an, wir wollen im Stichwortverzeichnis einen Eintrag der folgenden Form erzeugen:

Motordrachen, *siehe* Ultraleichtflugzeug

Wenn der Leser im Stichwortverzeichnis nach dem Begriff *Motordrachen* sucht, wird er an den Eintrag *Ultraleichtflugzeug* verwiesen. Das Wort *siehe* wird automatisch eingefügt. Sollten Sie allerdings nicht das Paket german.sty verwenden, erscheint das englische Wort *see*. Um den oben gezeigten Eintrag zu erzeugen, wird der folgende Befehl verwendet:

```
\index{Motordrachen|see{Ultraleichtflugzeug}
```

Nach dem Indexeintrag folgen das Zeichen | und der Befehl *see*, dem als Argument in geschweiften Klammern der Indexeintrag übergeben wird, auf den verwiesen werden soll.

Einträge im Stichwortverzeichnis können formatiert, also beispielsweise kursiv, fett oder in einer anderen Schriftart gesetzt werden. Wie die Formatierung im Stichwortverzeichnis aussehen soll, wird bereits im Indexeintrag festgelegt. Um einen Eintrag wie den folgenden im Stichwortverzeichnis erzeugen zu können

Segelflugzeug, 53

verwendet man den Befehl

```
\index{Segelflugzeug@{\emph{Segelflugzeug}}}
```

Der erste Teil des Indexeintrags bestimmt in diesem Fall nur die Position, an der Eintrag im Stichwortverzeichnis stehen soll. Der hier stehende Begriff wird jedoch nicht ausgegeben. Im Stichwortverzeichnis wird das erscheinen, was nach dem Zeichen @ – das auch als Klammeraffe bezeichnet wird – folgt. Bei diesem Zeichen handelt es sich genaugenommen um einen Befehl, dem in geschweiften Klammern als Argument der Text übergeben wird, der im Stichwortverzeichnis erscheinen soll. Dabei können auch Formatierungsanweisungen verwendet werden.

12.2 Generierung des Stichwortverzeichnisses

Die Erzeugung eines Stichwortverzeichnisses setzt voraus, daß im Text Indexeinträge durch den Befehl \index eingetragen wurden. Es ist zu empfehlen, solche Indexeinträge gleich bei der Eingabe des Textes vorzunehmen. Einen fertigen Text nochmals durchzuarbeiten, um nachträglich die Indexeinträge einzufügen, ist ein sehr mühsamer Prozeß. Bei der von mir beschriebenen und praktizierten Methode erledigen Sie die Vorarbeiten für das Erstellen eines Stichwortverzeichnisses gleichsam nebenbei.

Ich habe bereits oben angedeutet, daß wir die Möglichkeiten von LaTeX 2_ε zur Erzeugung eines Stichwortverzeichnisses in nur sehr beschränktem Umfang nutzen werden. Wir verwenden das Programm *MakeIndex*, das mittlerweile Bestandteil aller LaTeX-Distributionen ist. Um dieses Programm nutzen zu können, müssen wir ein weiteres Paket in unser Dokument einbinden. Es handelt sich dabei um das Paket makeidx.sty. Ergänzen Sie also die **usepackage**-Anweisung in der Präambel Ihres Dokuments um **makeidx**.

In der Präambel Ihres Dokuments muß darüber hinaus der LaTeX 2_ε-Befehl

```
\makeindex
```

stehen. Durch diesen Befehl wird LaTeX 2_ε veranlaßt, ausgehend von den Indexeinträgen im Text eine Hilfsdatei zu erzeugen, in der aller Indexeinträge mit den entsprechenden Seitenzahlen abgelegt werden.

Um das Stichwortverzeichnis im Text erscheinen zu lassen, muß an der Stelle des Dokuments, an der es ausgegeben werden soll, der Befehl \printindex stehen.

Das weitere Vorgehen bei der Erzeugung des Stichwortverzeichnisse sieht dann so aus:

- Der Text wird LaTeX 2$_\varepsilon$ zur Bearbeitung übergeben. Dabei wird durch LaTeX 2$_\varepsilon$ eine Hilfsdatei mit der Endung idx erzeugt.

- Nach einer fehlerfreien Bearbeitung des Textes durch LaTeX 2$_\varepsilon$ wird das Programm *MakeIndex* aufgerufen. Bei der Arbeit mit MicroEmacs reicht es aus, im Menü Execute den Befehl MakeIndex aufzurufen. *MakeIndex* erzeugt aus der Hilfsdatei mit der Endung idx eine Hilfsdatei mit der Endung ind.

- Bei einer erneuten Berabeitung des Textes durch LaTeX 2$_\varepsilon$ wird durch den Befehl \printindex der Inhalt der Hilfsdatei mit der Endung ind eingelesen und in das Dokument eingefügt.

Das so erzeugte Verzeichnis wird durch LaTeX 2$_\varepsilon$ bzw. durch das Paket german mit der Überschrift Index versehen. Wenn Ihnen diese Überschrift nicht zusagt, können Sie sie durch den folgenden Befehl ändern. Er muß innerhalb Ihres Dokuments *vor* dem Befehl \printindex stehen.

```
\renewcommand\indexname{bezeichnung}
```

Als *bezeichnung* verwenden Sie den durch Sie gewünschten bzw. durch Ihre Hochschule geforderten Begriff. Soll also wie in diesem Buch der Begriff *Stichwortverzeichnis* verwendet werden, muß der Befehl folgendermaßen lauten:

```
\renewcommand\indexname{Stichwortverzeichnis}
```

12.3 Erzeugung mehrerer Indizes

Soll eine wissenschaftliche Arbeit beispielsweise ein Stichwortverzeichnis und ein Namensregister haben, funktioniert die im vorhergehenden Abschnitt beschriebene Methode nicht. Hier hilft uns das Paket index von David M. Jones. Mit ihm werden einerseits einige in makeidx bereitgestellte Befehle umdefiniert und andererseits neue Befehle zur Verfügung gestellt, mit denen mehrere Indizes bequem angelegt und verwaltet werden können.

Um dieses Paket und seine Möglichkeiten nutzen zu können, ergänzen Sie zunächst die Präambel Ihres Dokuments um die Anweisung

```
\usepackage{index}
```

Das Paket makeidx darf nicht mehr geladen werden! Entfernen Sie es daher aus der Präambel Ihres Dokuments. Darüber hinaus wird der Befehl \makeindex nicht mehr benötigt. Löschen Sie ihn ebenfalls aus der Dokumentenpräambel oder kommentieren Sie ihn aus.

Falls Sie bereits Indexeinträge nach dem im vorhergehenden Abschnitt beschriebenen Wegangelegt haben, brauchen Sie nun keine Angst bekommen, daß Sie auch die vorhandenen Indexeinträge löschen oder ändern müssen. Das Paket index ist abwärtskompatibel zum Paket makeidx.

12.3.1 Definition der Indizes

Um das Paket nutzen zu können, müssen wir zunächst festlegen, welche Indizes mit welchen Bezeichnungen angelegt werden sollen. Lassen Sie und das ganze Vorgehen an einem Beispiel erläutern.

Es soll neben dem „normalen" Index ein Namensregister angelegt werden. Sämtliche Indizes werden mit dem Befehl

$$\boxed{\texttt{\textbackslash newindex}}$$

angelegt, dem vier Parameter jeweils in geschweiften Klammern übergeben werden.

Der erste Parameter enthält die Bezeichnung, unter der der jeweilige Index intern verwendet wird. Der zweite Parameter enthält die Endung der Indexdatei, in die durch LaTeX 2_ε die Rohinformation der Indexeinträge abgelegt werden. Im dritten Parameter wird die Endung der Datei angegeben, in der die geordneten Indexeinträge nach der Bearbeitung durch *MakeIndex* abgelegt werden. Der vierte Parameter enthält letztlich die Bezeichnung, die als Überschrift des Verzeichnisses verwendet werden soll.

Für unser Namensregister würde der vollständige Befehl so aussehen:

$$\boxed{\texttt{\textbackslash newindex\{name\}\{ndx\}\{nnd\}\{Namensregister\}}}$$

Betrachten wir die einzelnen Parameter. *name* ist die Bezeichnung, unter der wir Indizes für das Namensregister anlegen und unter der dieser Index durch LaTeX 2_ε intern geführt wird. *ndx* ist die Dateiendung der Datei, in der LaTeX 2_ε die Rohdaten der Indexeinträge ablegt. Diese Bezeichnung wurde durch mich gewählt. Sie können an dieser Stelle alle Endungen außer *idx* verwenden. Sie wird durch LaTeX 2_ε standardmäßig verwendet und ist auch im Paket index bereits vergeben[1]. *nnd* ist die Endung der Datei, in die *MakeIndex* den geordneten Index nach der Bearbeitung schreibt. Auch diese Endung kann frei gewählt werden. Nicht gewählt werden kann die Endung *ind*. Auch sie wird durch LaTeX 2_ε standardmäßig verwendet. Auf die gleiche Weise können weitere Indizes definiert werden. Standardmäßig ist im Paket index bereits ein Index definiert. Es handelt sich dabei um den Standard-Index von LaTeX 2_ε. Er wird unter der Bezeichnung default verwaltet und hat die gleiche Wirkung wie im Paket makeidx. Als Überschrift wird die Bezeichnung *Index* verwendet. Wollen Sie hier eine Überschrift benutzen, können Sie den gesamten Index wie folgt umdefinieren:

$$\boxed{\texttt{\textbackslash newindex\{default\}\{idx\}\{ind\}\{Stichwortverzeichnis\}}}$$

---

[1] Dazu mehr weiter unten in diesem Abschnitt

In dieser Definition finden Sie auch die Endungen *ind* und *idx* wieder. Angesprochen wird dieser Index unter der Bezeichnung *default*. Der Index wird mit *Stichwortverzeichnis* überschrieben.

12.3.2 Erzeugung der Indexeinträge

Grundsätzlich verfahren Sie bei der Erzeugung eines Indexeintrags so wie bei der Verwendung des Paketes *makeidx*. Sie verwenden also den Befehl `\index` und tragen in ein paar geschweifter Klammern den in den Index aufzunehmenden Begriff ein. Als zusätzlichen Parameter übergeben Sie in eckigen Klammern die Bezeichnung, unter der der Index durch LaTeX 2$_\varepsilon$ verwaltet wird. Soll also beispielsweise der Name *Machert* in das Namensregister aufgenommen werden, muß folgender Befehl an die entsprechende Textstelle geschrieben werden[2]:

```
\index[name]{Machert}
```

Soll in den Standardindex beispielsweise der Eintrag *Diplomarbeit* aufgenommen werden, sind die beiden folgenden Befehle möglich:

```
\index[default]{Diplomarbeit}
```

oder

```
\index{Diplomarbeit}
```

Lassen Sie also die Bezeichnung weg, unter der der Index intern geführt wird, wird angenommen, daß der Eintrag in den Standardindex gehört.

12.3.3 Ausgabe der Indizes

Beim ersten LaTeX 2$_\varepsilon$-Lauf werden die Rohdaten für beide Register in Dateien mit den definierten Endungen geschrieben. Jetzt müssen diese Daten durch *MakeIndex* geordnet werden. Dazu muß *MakeIndex* für jeden zu bearbeitenden Index einmal aufgerufen werden. Die allgemeine Befehlssyntax lautet:

```
makeindex -o dateiname.endung2 dateiname.endung1
```

dateiname ist die Bezeichnung Ihres Dokuments, aus dem heraus die Indexdaten geschrieben wurden. *endung2* ist die Endung, die Sie für die Datei festgelegt haben, in der die geordneten Indexeinträge stehen sollen. *endung1* ist die Endung der Datei, in die die Rohdaten geschrieben werden. Um das oben definierte Namensregister durch *MakeIndex* zu erzeugen müßte der Befehl folgendes Aussehen haben[3]:

```
makeindex -o buch.nnd buch.ndx
```

---

[2] Ich gehe von der oben gezeigten Definition aus.
[3] Es wird angenommen, daß die LaTeX 2$_\varepsilon$-Datei die Bezeichnung `buch.tex` hat.

Für das Standardregister lautet der Befehl entsprechend:

```
makeindex -o buch.ind buch.idx
```

Nach der Bearbeitung durch *MakeIndex* müssen die erzeugten Indexdaten bei einem erneuten LaTeX 2_ε-Lauf eingelesen werden und können anschließend ausgegeben werden.

Wie bei der Verwendung des Pakets makeidx wird auch beim Einsatz von index ein Index durch den Befehl \printindex ausgegeben. Ihm muß jedoch in eckigen Klammern die Bezeichnung für den jeweiligen Index übergeben werden. Um das oben definierte Namensregister auszugeben, müßte an die entsprechende Stelle des Dokuments der folgende Befehl gesetzt werden:

```
\printindex[name]
```

Der Standardindex wird durch den Befehl

```
\printindex[default]
```

oder durch den Befehl

```
\printindex
```

ausgegeben.

Kapitel 13

Umgang mit Literaturverzeichnissen

Dem Verfassen wissenschaftlicher Arbeiten geht häufig ein umfangreiches Literaturstudium voraus. Der Autor einer wissenschaftlichen Arbeit muß im Rahmen seiner Arbeit nachweisen, daß er mit wissenschaftlicher Literatur umgehen und sie in seiner Arbeit nutzen kann. Zum sauberen wissenschaftlichen Arbeiten gehört es, dem Leser einer wissenschaftlichen Publikationen mitzuteilen, welche Literatur verwendet wurde. Das erfolgt in der Form eines Literaturverzeichnisses.

In ein solches Literaturverzeichnis sollten Sie in erster Linie die Literatur aufnehmen, die Sie auch tatsächlich gelesen bzw. verwendet haben. Sie sollten keineswegs der Versuchung erliegen, ein Mammutverzeichnis zu erstellen, in das sie möglichst alle Werke aufnehmen, die irgendwie mit dem Thema Ihrer Arbeit zu tun haben. Das ist unsauber und unredlich und entspricht keinem guten wissenchaftlichen Stil. Werke, die Sie für Ihre Arbeit nicht verwendet haben, die aber von gewissem Interesse für die Leser Ihrer Arbeit sind, sollten deutlich als Empfehlung für eine weiterführende Lektüre gekennzeichnet werden.

In diesem Kapitel werden Sie alles über die Erstellung und die Verwendung eines Literaturverzeichnisses erfahren. Obgleich LATEX 2_ε über die Möglichkeit verfügt, ein Literaturverzeichnis anzulegen und mit diesem Literaturverzeichnis beim Schreiben der wissenschaftlichen Abschlußarbeit aktiv zu arbeiten, soll an dieser Stelle auf eine Erläuterung der entsprechenden Funktionen verzichtet werden. Stattdessen will ich Ihnen eine Einführung in die Arbeit mit dem Programm BIBTEX geben. Dieses Programm ist mittlerweile Bestandteil nahezu aller LATEX-Distributionen. Mit ihm lassen sich auf vergleichsweise einfache Weise Literaturdatenbanken anlegen, auf deren Basis das Literaturverzeichnis Ihrer wissenschaftlichen Abschlußarbeit entsteht.

13.1   Anlegen einer Literaturdatenbank

Sie werden die Arbeit an Ihrer wissenschaftlichen Arbeit sicherlich mit dem Litera-
turstudium beginnen, das seinen Anfang wiederum in der Recherche in Bibliogra-
phien nimmt. Die bei dieser Recherche anfallenden bibliographischen Daten sollten
Sie von Beginn an in einer Literaturdatenbank sammeln. Dabei sollten Sie von
Anfang an eine Form verwenden, aus der beim Schreiben der Arbeit ohne weiteren
Aufwand das Literaturverzeichnis Ihrer Arbeit generiert werden kann.

Wenn Sie sich schon entschlossen haben, einen Computer zu nutzen, sollten Sie ihn
nicht nur zum Schreiben der Arbeit, sondern auch für das Anlegen und Pflegen
Ihres Literaturverzeichnisses verwenden. Ich möchte Ihnen empfehlen, dabei eine
Datenbankstruktur zu wählen, die durch das oben erwähnte Programm BIBTEX
unterstützt wird. Jeder Datensatz in BIBTEX besteht aus der Bezeichung einer
bestimmten Literaturkategorie sowie obligatorischen und fakultativen Feldern. Da
Sie mit dieser allgemeinen Beschreibung sicher nur wenig anfangen können, lassen
Sie mich die Struktur eines BIBTEX-Datensatzes an einem Beispiel erläutern. Dazu
nehmen wir an, daß wir die bibliographischen Daten dieses Buchs erfassen wollen.
Um die bibliographischen Angaben eines Buches erfassen zu können, hält BIBTEX
die Kategorie book bereit. Diese Bezeichnung leitet den BIBTEX-Datensatz ein –
wobei der Kategoriebezeichnung das Zeichen @ vorangestellt wird. Der erste Eintrag
des Datensatzes lautet damit

```
@book
```

Diesem Eintrag folgt die öffnende geschweifte Klammer. Anschließend muß ein
Schlüsselbegriff eingegeben werden, der den Eintrag eindeutig von anderen Einträgen unterscheidet. Diesen Schlüsselbegriff werden Sie in Ihrer Arbeit verwenden, um
auf Einträge im Literaturverzeichnis zu verweisen. Sie sollten diesen Schlüsselbegriff
also so wählen, daß er für Sie leicht zu merken ist. Lassen Sie uns im konkreten
Beispiel den Namen des Autors, also *Machert* als Schlüsselwort verwenden. Damit
lautet der Datensatz bisher:

```
@book{Machert
```

Es folgen nun die eigentlichen bibliographischen Angaben. Diese Angaben werden
in sogenannten Feldern gespeichert, die aus einer Feldbezeichnung und dem Feldin-
halt bestehen. Die Bezeichnungen der Felder sind durch BIBTEX vorgegeben. Die
Feldinhalte folgen der Feldbezeichnung hinter einem Gleicheitszeichen und werden
entweder durch geschweifte Klammern oder durch Anführungszeichen eingeschlos-
sen. Jeder Feldeintrag wird durch ein Komma beendet.

Wie bereits oben erwähnt, unterscheidet BIBTEX obligatorische und fakultative Felder. Welche Felder obligatorisch bzw. fakultativ sind, hängt von der Kategorie ab,
für die der Datensatz erstellt wird. Eine detaillierte Aufstellung aller durch BIBTEX
unterstützten Kategorien und deren obligatorische und fakultative Felder finden Sie
in der Tabelle 13.1.

Der Tabelle 13.1 können Sie entnehmen, daß zu der in unserem Beispiel verwendeten

Kategorie book die obligatorischen Felder author für die Angabe des Autors oder des Herausgebers, publishers für die Angabe des Verlags und year für die Angabe des Erscheinungsjahrs. Fakultative Felder der Kategorie book sind volume für die Angabe der Bandnummer, series für die Angabe der Buchserie, in der das Buch erscheint, address für die Anschrift des Verlags, edition für die Angabe der Auflagennummer, month für die Angabe der Erscheinungsmonats sowie note für weitere Angaben. Die Feldbezeichnungen sollten Sie – insbesondere bei den fakultativen Feldern – nicht allzu ernst nehmen. Welche Art der Information in den einzelnen Feldern abgelegt, ist letztlich egal. Da die einzelnen Felder unterschiedlich formatiert werden, sollten Sie lediglich gleiche Informationskategorien in gleichen Feldern ablegen.

Doch lassen Sie uns zu unserem Beispiel zurückkehren und den Datensatz für das Ablegen der bibliographischen Daten dieses Buches vollenden. Bevor ich Ihnen den Datensatz erläutere, sollten Sie versuchen, ihn ohne Erklärungen zu verstehen.

```
@book{Machert
author= "Torsten Machert",
title= "Wissenschaftliches Publizieren mit \LaTeXe",
publisher = "Verlag Vieweg",
year = "1997",
}
```

Ob Sie die Feldbezeichnungen groß- oder kleinschreiben, ist irrelevant. Sie könnten selbst innerhalb des Wortes zwischen Groß- und Kleinschreibung wechseln. Die Angabe des Buchautors erfolgt in der Reihenfolge *Vorname, Familienname*. Die Eingabe der deutschen Umlaute und des ß ist in BıBTEX nicht möglich. Sie müssen also auf die „Urform" dieser Zeichen zurückgreifen. Der gesamte Datensatz endet durch die schließende geschweifte Klammer.

Im Beispieldatensatz wurden keine fakultativen Felder verwendet. Beispielsweise könnte man in einem der fakultativen Felder die ISBN angeben, obgleich es in wissenschaftlichen Arbeiten nicht immer erwünscht ist. Hier sollten Sie Ihren Betreuer konsultieren. Ich meine, daß die ISBN im Literaturverzeichnis enthalten sein sollte, denn über sie ist ein Buch im Buchhandel eindeutig identifizierbar und beziehbar. Es ist wohl nicht auszuschließen, daß Sie bei einem Leser Ihrer Arbeit Interesse an einem Buch wecken, und er es sich zulegen möchte.

Kategorie	*obligatorisch*	*fakultativ*
book	author, title, publisher, year	volume, series, address, edition, month, note
booklet	title	author, howpublished, address, month, year, note
inbook	author, title, chapter, publisher, year	volume, series, type, address, edition, month, note

Kategorie	obligatorisch	fakultativ
incollection	author, title, booktitle, publisher, year	editor, volume, series, type, chapter, pages, address, edition, month, note
inproceedings	author, title, booktitle, year,	editor, volume, series, pages, address, month, organization, publisher, note
manual	title	author, organization, address, edition, month, year, note
masterthesis	author, title, school, year	type, address, month, note
misc	author, title, howpublished, month, year, note	
phdthesis	author, title, school, year	type, address, month, note
proceedings	title, year	editor, volume , series, address, month, organization, publisher, note
techreport	author, title, institution, year	type, number, address, month, note
unpublished	author, title,	month, year

Tabelle 13.1:Obligatorische und fakultative Felder in BibTeX

In der Tabelle 13.2 finden Sie Empfehlungen für die Verwendung der einzelnen Kategorien. Die Tabelle 13.1 enthält Empfehlungen und Hinweise zur Verwendung der einzelnen Felder. Es muß jedoch angemerkt werden, daß bei den obligatorischen Feldern so gut wie kein Spielraum möglich ist. Hier sollte in den Feldern tatsächlich die Information enthalten sein, die durch die Feldbezeichnung vorgegeben wird. Eine Abweichung ist nur im Feld author möglich, wo auch der Herausgeber eines Werkes stehen darf.

Kategorie	Verwendung
book	Für „richtige" Bücher, die einen Verfasser oder Herausgeber haben.
booklet	Für Broschüren, deren Verfasser oder Herausgeber nicht bekannt ist.
inbook	Für Teile eines Buches. Das können bestimmte Kapitel oder Abschnitte aber auch bestimmte Seiten sein.
incollection	Für ein Buch, das im Rahmen eines Sammelbandes erschienen ist.
inproceedings	Für einen Artikel eines Konferenz- oder Tagungsprotokolls.

Kategorie	Verwendung
manual	Für technische Dokumentationen und Handbücher.
masterthesis	Für Diplomarbeiten.
misc	Für alle Arten von Literatur, die sich keiner der anderen Kategorien zuordnen lassen.
phdthesis	Für Diplomarbeiten sowie Dissertations- und Habilitationsschriften.
proceedings	Für Konferenz- und Tagungsprotokolle.
techreport	Für wissenschaftliche Berichte, die im Rahmen einer Hochschulreihe erschienen.
unpublished	Für nicht veröffentlichte Texte.

Tabelle 13.2: Obligatorische und fakultative Felder in BIBTEX

Feld	Verwendung
author	Dieses Feld enthält den Namen des Autors bzw. der Autoren. BIBTEX geht davon aus, daß die Eingabe in der Reihenfolge *Vorname Nachname* erfolgt. Wollen Sie eine andere Reihenfolge verwenden, muß zwischen *Nachname* und *Vorname* ein Komma stehen. Ansonsten geht BIBTEX immer davon aus, das das letzte Wort der Nachname ist. Sollten Zweifel möglich sein, was Vor- und was Nachname ist, können Sie die zusammengehörenden Namensbestandteile in geschweifte Klammern setzen. Hat ein Buch mehrere Autoren, werden die einzelnen Autorennamen durch das Wort *and* voneinander getrennt. Häufig werden allerdings nur maximal zwei Autoren namentlich genannt. Wenn ein Buch mehrere Autoren hat, erscheint im Literaturverzeichnis nur der Name des erstgenannten Autoren sowie der Zusatz [u.a.]. Die gleichen Hinweise gelten auch, wenn ein Buch keinen Autor, sondern nur einen Herausgeber hat. Hat ein Buch sowohl einen Autor als auch einen Herausgeber, erfolgt die Angabe der Herausgebers nach der Titelangabe. Vor den Namen der Herausgebers wird die Abkürzung *Hg* gesetzt. Enthalten die bibliographischen Angaben auch den Namen des Übersetzers, so wird auch er in das Literaturverzeichnis aufgenommen. Vor den Namen des Übersetzers wird die Abkürzung *Übs.* geschrieben.

Feld	Verwendung
address	In Deutschland ist es nicht üblich, in wissenschaftlichen Arbeiten, die volle Verlagsanschschrift anzugeben. In aller Regel wird nur der Ort angegeben, an dem der Verlag seinen Sitz hat. Sind mehrere Orte in den bibliographischen Angaben angegeben, erscheint im Literaturverzeichnis Ihrer Arbeit nur der erstgenannte Ort mit dem in eckigen Klammern stehenden Zusatz: [u.a.].
booktitel	In diesem Feld wird der Titel des Buches angegeben, in dem das Werk veröffentlicht wurde, das zitiert wird.
chapter	Nummer eines Kapitels oder eines Abschnitts.
edition	Die Angabe der verwendeten Auflage muß unter Umständen durch zusätzliche Attribute erweitert werden, die auf eine überarbeitete oder erweiterte Auflage hinweisen. Diese Angaben stehen in jedem Fall in den bibliographischen Angaben eines Buches und müssen so in das Literaturverzeichnis aufgenommen werden. Durch den Verlag dabei verwendete Abkürzungen werden unverändert übernommen.
howpublished	Hier wird angegeben, auf welche Art das jeweilige Werk veröffentlicht wurde, also beispielsweise im Selbstverlag oder auf andere unkonventionelle Weise.
institution	Dieses Feld enthält die Angaben zum Sponsor der wissenschaftlichen Veröffentlichung.
journal	Titel der Zeitschrift
month	Hier geben Sie den Monat an, in dem das Werk erschien.
note	Zusätzliche Informationen, die dem Leser nicht vorenthalten werden sollten. Allerdings darf bezweifelt werden, ob solche, über den Rahmen üblicher bibliographischer Angaben hinausgehende Informationen, im Rahmen des Literaturverzeichnisses einer wissenschaftlichen Arbeit veröffentlicht werden sollten. In bestimmten Einzelfällen kann eine Kommentierung eines Eintrags des Literaturverzeichnis allerdings sinnvoll sein. Sie sollten in jedem Fall Ihren Betreuer konsultieren, wenn Sie zusätzliche Informationen in das Literaturverzeichnis Ihrer Arbeit aufnehmen wollen.
number	Sofern das Werk, aus dem Sie zitieren, eine eigene Nummer enthält, muß diese Nummer im Literaturverzeichnis erscheinen und wird in dieses Feld eingetragen.
organization	Hier geben Sie die Institution an, durch die die Konferenz ausgerichtet oder das Werk veröffentlicht wurde.

Feld	Verwendung
pages	Hier wird die Seite angeben, auf die Sie sich in Ihrer Arbeit beziehen. Umfassen die Referenzstellen mehrere Seiten, werden der Beginn und das Ende der referierten Teile angegeben. Das erfolgt in der Form 12--15. Hüten Sie sich davor die Abkürzung *ff* zu verwenden!
publisher	Dieses Feld enthält die Verlagsangaben. Wenn Sie das Feld **address** nicht verwenden wollen, können Sie in dieses Feld auch den Verlagsort aufnehmen. Dabei gelten die Hinweise, die bei der Erläuterung des Feldes **address** gegeben wurden.
school	Name der Hochschule oder Universität, an der die Arbeit geschrieben wurde.
series	In diesem Feld geben Sie den Namen der Reihe oder Serie an, in der die verwendete Schrift erschienen ist.
titel	Dieses Feld enthält die vollständige Bezeichnung des Titels. Der Titel ist dabei das, was in den bibliographischen Angaben eines Werkes angegeben ist. Zum Titel gehört unter Umständen auch ein Untertitel, der durch einen Doppelpunkt vom Haupttitel getrennt wird. Sollte der Titel eines Werkes außerordentlich lang sein, dürfen die einzelnen Wörter auch abgekürzt werden. Die ersten drei Wörter müssen allerdings vollständig im Literaturverzeichnis erscheinen. Durch LaTeX 2_ε wird der Inhalt dieses Feldes kursiv gedruckt.
type	Hier geben Sie die Art einer wissenschaftlichen Veröffentlichung an. Das können ein *Protokoll* oder ein *Bericht* o.ä. sein.
volume	Dieses Feld ist für die Aufnahme der Nummer eines Bandes eines mehrbändigen Werkes vorgesehen. Diese Angabe muß unmittelbar auf die Titelangabe folgen.
year	In diesem Fall wird das Jahr des Erscheinens des zitierten Werkes angegeben. Ist das Erscheinungsjahr nicht zweifelsfrei ermittelbar, muß der Jahresangabe ein Fragezeichen folgen.

Tabelle 13.3: Verwendung der einzelnen Felder

Ergänzend zu den genannten Felder kann ein Feld mit der Bezeichnung key verwendet werden. Dieses Feld wird benötigt, wenn das Literaturverzeichnis alphabetisch geordnet werden soll, das Feld für den Autor bzw. Herausgeber, nach dem die alphabetische Sortierung erfolgt, jedoch leer bleiben muß. Das Feld key kann dann einen Begriff aufnehmen, der in die Sortierung einbezogen werden kann. Das Feld key ist ebenfalls sehr nützlich, wenn aus Zeitschriften mit langen Titeln zitiert werden muß. Damit im Text als Verweis auf die zitierte Zeitschrift nicht immer der vollständige Titel erscheint, kann im Feld **key** ein Kürzel des Titels abgelegt werden, der dann in den Verweisen auf die zitierte Zeitschrift auftaucht.

Neben den obligatorischen und fakultativen Feldern, können Sie in die einzelnen Datensätze zusätzliche Felder aufnehmen, die jedoch bei der Bearbeitung durch BibTeX ignoriert werden. Diese Felder haben eher informativen Charakter für alle, die mit der Literaturdatenbank arbeiten müssen.

Damit haben Sie alle Informationen, die Sie für das Anlegen einer Literaturdatenbank benötigen. Auf den ersten Blick scheint die dafür notwendige Arbeit kompliziert und zeitaufwendig zu sein. Tatsächlich ist es aber so, daß sich dieser Aufwand in jedem Fall lohnt, wie Sie in den folgenden Abschnitten sehen werden. Letzlich ist es egal, ob Sie sich die bibliographischen Angaben der durch Sie gelesenen Literatur auf Karteikarten notieren oder gleich in den PC eingeben. Und wenn Sie die Literaturdatenbank gleich zu Beginn Ihrer Literaturrecherche anlegen, haben Sie immer nur eine vergleichsweise geringe Anzahl von bibliographischen Daten einzutragen.

Die Literaturdatenbank können Sie mit jedem Programm anlegen und pflegen, das in der Lage ist, Texte im ASCII-Format zu exportieren. Die Datei, in der die Literaturdatenbank gespeichert wird, sollte die Endung **bib** haben. Um die Übersichtlichkeit nicht zu verlieren, empfehle ich Ihnen, mehrere Datenbanken anzulegen, die für jeweils eine Kategorie vorgesehen sind. Sie werden in den folgenden Abschnitten sehen, daß es für BibTeX unerheblich ist, wieviele Datenbanken für das Erstellen des Literaturverzeichnisses verwendet werden sollen.

13.2 Das Arbeiten mit der Literaturdatenbank

Nachdem Sie sich nun die Mühe gemacht haben, sich eine oder mehrere Literaturdatenbanken anzulegen, sollen Sie nunmehr erfahren, wie Sie sie nutzen können. Ich werde Ihnen in diesem Abschnitt zeigen, wie in wissenschaftlichen Arbeiten mit Zitaten umgegangen wird. Dabei werden Sie sehen, wie sehr Sie dabei durch BibTeX unterstützt werden. Ich werde Ihnen darüber hinaus erläutern, wie Sie LaTeX 2$_\varepsilon$ im Zusammenspiel mit BibTeX zum Anlegen eines Literaturverzeichnisses bewegen können.

13.2.1 Das richtige Zitieren

In wissenschaftlichen Arbeiten muß nachgewiesen werden, daß der Autor der Arbeit in der Lage ist, kritisch mit der zu seinem Thema erschienen Literatur umzugehen. „Kritisch" bedeutet dabei, daß er Literatur nicht schlechthin nur zitieren, sondern auch in einen Kontext einordnen und bewerten soll.

In der wissenschaftlichen Publikation muß auch äußerlich klar erkennbar sein, bei welcher Textpassage es sich um ein Zitat handelt. Das bedeutet, daß sich das Zitat durch eine besondere Formatierung vom übrigen Text abheben sollte. Eine Möglichkeit besteht darin, das Zitat kursiv zu setzen. Dazu wird der Befehl \emph

verwendet. Längere Zitate sollten in einem gesonderten Absatz erscheinen, der nach
Möglichkeit einen anderen Einzug als der übrige Fließtext hat. Das kann – wie Sie
im Kapitel 3 gesehen haben, durch eine **quote**- oder **quotation**-Umgebung geschehen.
Eine andere Möglichkeit besteht darin, eine eigene Umgebung für Zitate zu schaffen,
die folgende Gestaltungsmerkmale aufweist: Längere Zitate werden eingerückt und
in einer kleineren Schriftgröße in kursiver Schrift dargestellt. Der Abschnitt unten
wurde – obgleich es sich um kein Zitat handelt – wie ein Zitat gesetzt, um Ihnen
die Wirkung einer solchen Umgebung zu zeigen.

> *Hier könnte ein Zitat stehen. Hier könnte ein Zitat stehen. Hier könnte ein Zitat
> stehen. Hier könnte ein Zitat stehen. Hier könnte ein Zitat stehen. Hier könnte
> ein Zitat stehen. Hier könnte ein Zitat stehen. Hier könnte ein Zitat stehen.
> Hier könnte ein Zitat stehen. Hier könnte ein Zitat stehen. Hier könnte ein Zitat
> stehen.*

Um eine solche Umgebung verwenden zu können, muß in der Präambel des Dokuments folgende Definition vorhanden sein:

```
\newenvironment{newquote}
{\list{}{\leftmargin  1\linewidth}%
\item[]}

{\endlist}

\newenvironment{mycitation}
{\begin{newquote}
\renewcommand{\baselinestretch}{0.85}\small\em}
{\end{newquote}}
```

Um die Umgebung zu nutzen, wird an den Beginn des Zitats der folgende Befehl
geschrieben:

```
\begin{mycitation}
```

Die Umgebung wird mit dem folgenden Befehl wieder verlassen:

```
\end{mycitation}
```

Wenn Sie diese Umgebung grundsätzlich so verwenden wollen, aber ein paar Parameter geändert wissen wollen, will ich Ihnen ein paar Erläuterungen zur Definition
der Umgebung geben. Der Abstand zwischem dem linken Seitenrand und dem
linken Rand des Absatzes wird durch den Ausdruck

```
.1\linewidth
```

bestimmt. Er besagt, daß der Rand 10% der Textbreite beträgt. Soll er nur 5%
betragen, muß der Ausdruck so lauten:

```
.05\linewidth
```

Durch den Befehl

```
\small
```

wird die Schriftgröße verkleinert und durch

```
\em
```

auf kursiv gesetzt. Wegen der kleinen Schrift habe ich den Abstand zwischen den
Zeilen durch den Befehl

```
\renewcommand\baselinestrectch{0.85}
```

auf 85% gesetzt. Diese Parameter können Sie nach Ihren Vorstellungen verändern
– unbedingt notwendig ist es allerdings nicht.

Am Ende des Zitats muß kenntlich gemacht werden, welcher Quelle das Zitat entnommen wurde. Früher war es üblich, die Quelle mit vollständigen bibliographischen Angaben in einer Fußnote anzugeben. Dieser sogenannte Vollbeleg von Quel-
len wir eigentlich nicht mehr angewandt. Heute verwendet man den Kurzbeleg.
So ein Kurzbeleg ist die Bezeichnung einer Quelle, anhand derer das zitierte Werk
im Literaturverzeichnis zweifelsfrei zu finden ist, wo sich die vollständigen Daten
des jeweiligen Werks befinden. Das Zitieren mit Kurzbeleg wird durch BIBTₑX
unterstützt. Dazu benötigen Sie allerdings eine in der oben beschriebenen Weise angelegte Literaturdatenbank. Wie solche Kurzbelege angelegt werden, soll an
einem Beispiel erlautert werden. Es gilt den folgenden Satz zu erzeugen:

Der Umgang mit dem Programm BIBTₑX wird in [Mac97] erläutert.

Der Kurzbeleg ist [Mac96] Er wird erzeugt, indem an die Stelle, an der der Kurzbeleg erscheinen soll, der Befehl χcite{*Schlüsselwort*} gesetzt wird. *Schlüsselwort*
ist das Schlüsselwort, daß Sie dem entsprechenden Eintrag der Literaturdatenbank
gegeben haben Im Beispiel entstand der Kurzbeleg aus dem Befehl

```
\cite{machert1}
```

Der dazugehörende Eintrag in der Literaturdatenbank lautet:

```
@BOOK{machert1,
   author = {Torsten Machert},
   title = {Wissenschaftliche Abschlu"sarbeiten mit \LaTeXe},
   year = 1996,
   publisher = {Vieweg Verlag}
}
```

In der ersten Zeile finden Sie das Schlüsselwort *machert1*, über das der Bezug zur
Literaturdatenbank hergestellt wird. Es versteht sich daher von selbst, daß dieses
Schlüsselwort in allen verwendeten Literaturdatenbanken nur einmal vorhanden sein
darf.

Häufig werden Kurzbelege gewünscht, in denen nicht nur auf die Quelle als solche, sondern auch auf ein bestimmtes Kapitel oder eine bestimmte Seitenzahl verwiesen wird. Solche Kurzbelege können die Form [Mac96, S. 12] haben. Sie werden erzeugt, indem dem Befehl \cite diese zusätzliche Information in eckigen Klammern übergeben wird. Dabei ist es unerheblich, ob die eckigen Klammern vor oder nach den geschweiften Klammern stehen. Der Kurzbeleg wird immer die eben gezeigte Form haben, die durch den folgenden Befehl entsteht:

```
\cite[S. 12]{machert1}
```

13.2.2 Die Form des Kurzbelegs und des Literaturverzeichnisses

An der Tatsache, daß in der Überschrift angedeutet wird, daß es in diesem Abschnitt sowohl um die Form des Kurzbelegs als auch um die des Literaturverzeichnisses geht, können Sie erkennen, daß es einen Zusammenhang gibt. Dazu muß man wissen, daß durch BibTeX die Literaturdatenbank für das Erstellen des Literaturverzeichnisses in einer bestimmten Weise aufbereitet wird, die in sogenannten BibTeX-Stilen definiert ist. Standardmäßig kennt BibTeX vier solcher Stile, die in der Tabelle 13.4 beschrieben werden.

Stil	*Wirkung*
plain	Die Eintragungen im Literaturverzeichnis erscheinen alphabetisch nach den Autoren geordnet. Bei gleichen Autorennamen erfolgt die Sortierung nach dem Jahr. Hat ein Autor in einem Jahr mehrere Werke veröffentlicht, ist das dritte Sortierkriterium der Titel. Im Literaturverzeichnis erhält jeder Eintrag eine Ordnungszahl die vor dem Eintrag in eckigen Klammern steht. In der gleichen Form erscheint der Kurzbeleg an der Stelle des Textes, an der ein cite-Befehl steht. Diese Art des Kurzbelegs findet in der Fachliteratur immer mehr Verbreitung. Viele Betreuer können sich jedoch nicht damit anfreunden und bevorzugen eine Form des Kurzbelegs, bei der aus dem Verfasser und dem Erscheinungsjahr des Werkes geschlossen werden kann. In vielen Fällen mag eine solche Form das Lesen der Arbeit erleichtern, weil ohne Konsultation des Literaturverzeichnisses festgestellt werden kann, um welches Werk es sich handelt. Aber selbst dann, wenn ein sehr bekannter Autor mehrere Werke in einem Jahr veröffentlicht hat, läßt auch die früher übliche Form des Kurzbelegs keine zweifelsfreie Zuordnung zu einem bestimmten Werk zu. Ich will damit nur ausdrücken, daß es eigentlich keine guten Gründe gibt, diesen Stil und die damit verbundene Form des Kurzbelegs nicht zu verwenden. Ein weiteres Argument für diesen Stil ist, daß bei den durch ihn erzeugten Kurzbelegen der Text weniger „zerhackt" wird. Sie sollten in jedem Fall mit Ihrem Betreuer die Form des Kurzbelegs und des Literaturverzeichnisses abstimmen.

Stil	*Wirkung*
alpha	Auch bei diesem Stil werden die Eintragungen des Literaturverzeichnisses alphabetisch nach Autoren sortiert. Bei gleichen Autorennamen wird zunächst nach dem Jahr sortiert. Das dritte Sortierkriterium ist wiederum der Titel. Dieser Stil unterscheidet sich vom Stil plain dadurch, daß im Literaturverzeichnis vor jedem Eintrag in eckigen Klammern die ersten drei Buchstaben des Nachnamens des Verfassers und die letzten beiden Ziffern der Jahreszahl stehen. Dieser Eintrag wird in dieser Form als Kurzbeleg verwendet. Sie haben diese Form des Kurzbelegs in den Beispielen dieses Kapitels kennengelernt.
abrv	Dieser Stil entspricht dem Stil plain. Wird er verwendet, werden im Literaturverzeichnis jedoch die Vornamen der Verfasser oder Herausgeber, die Titel von Zeitschriften und die Monatsnamen abgekürzt ausgegeben.
unsrt	Auch dieser Stil entspricht dem Stil plain. Das durch diesen Stil erzeugte Literaturverzeichnis wird jedoch nicht alphabetisch sortiert. Die Reihenfolge der Einträge im Literaturverzeichnis entspricht der Reihenfolge, in der die Zitate im Text vorkommen.

Tabelle 13.4: BibTeXStile

13.2.3 Das Erzeugen des Literaturverzeichnisses

Das Literaturverzeichnis Ihrer wissenschaftlichen Arbeit wird durch LaTeX 2_ε weitgehend automatisch erzeugt. Dafür werden die in Ihrem Dokument vorhandenen cite-Befehle ausgewertet. In das Literaturverzeichnis werden zunächst nur die Werke aufgenommen, die in diesen Befehlen angesprochen werden – oder anders ausgedrückt – die Sie zitiert haben. Wollen Sie bestimmte Titel in das Literaturverzeichnis aufnehmen, obgleich Sie sie nicht zitiert haben, müssen Sie an beliebiger Stelle des Dokuments nocite-Befehle einfügen, denen jeweils in geschweiften Klammern das Schlüsselwort des Werkes übergeben wird, das zusätzlich in das Literaturverzeichnis aufgenommen werden soll. Wollen Sie neben den zitierten Werken auch alle anderen in der Literaturdatenbank enthaltenen Titel in das Literaturverzeichnis aufnehmen, müssen Sie nicht für jedes einzelne Werk den Befehl `\nocite` verwenden, sondern können durch den Befehl

```
\nocite{*}
```

alle nicht zitierten Werke gleichsam in einem Rutsch in das Literaturverzeichnis einbinden.

Damit das Literaturverzeichnis erstellt werden kann, muß LaTeX 2_ε mitgeteilt werden, welche Literaturdatenbank verwendet werden soll. Das geschieht durch den Befehl

```
\bibliography
```

dem in geschweiften Klammern der Name der Datenbankdatei übergeben wird. Auf die Angabe der standardmäßig angenommenen Dateiendung bib wird dabei verzichtet[1]. Sollten Sie mehrere Literaturdatenbanken angelegt haben, können Sie alle zu nutzenden Dateien angeben. Alle Dateinamen werden durch ein Komma – jedoch ohne zusätzliche Leerzeichen – voneinander getrennt. Der Befehl `\bibliography` kann an beliebiger Stelle zwischen den Befehlen `\begin{document}` und `\end{document}` stehen.

Für die Erzeugung des Literaturverzeichnisses muß BIBTEX mitgeteilt werden, welcher Stil (vgl. Tabelle 13.4) zu verwenden ist. Das erfolgt, indem an beliebiger Stelle zwischen den Befehlen `\begin{document}` und `\end{document}` der Befehl zum Erzeugen des Literaturverzeichnisses,

`\bibliographystyle`

eingefügt wird, dem als Argument in geschweiften Klammern die Bezeichnung eines BIBTEXStils übergeben wird. Die Bezeichnung der Standardstile entnehmen Sie bitte der Tabelle 13.4. Diese Stile haben jedoch den Nachteil, daß in ihnen bestimmte englischsprachige Begriffe verwendet werden, die automatisch in das Literaturverzeichnis eingefügt werden. Um beispielsweise im Literaturverzeichnis den Ausdruckt *3. Auflage* anstelle von *3. edition* zu erhalten, verwenden Sie einen deutschen Sprachraum angepaßten Stil. Sie können solche Stile im Internet finden. Unter Umständen gibt es einen solchen Stil auch an Ihrer Universität oder Hochschule.

Um das Literaturverzeichnis ausgeben bzw. in Ihre Arbeit einbinden zu können, muß an die Stelle Ihrer Arbeit, an der es erscheinen soll, der Befehl

`\bibliography`

gesetzt werden. Bei der Bearbeitung durch LATEX 2ε wird das Dokument an dieser Stelle umgebrochen. Das Literaturverzeichnis wird auf der nächsten, ungeraden Seite begonnen und mit der Überschrift **Literaturverzeichnis** versehen, wenn Sie **german.sty** verwenden.

Das weitere Vorgehen zum Erzeugen des Literaturverzeichnis sieht so aus: Das Dokument wird durch LATEX 2ε bearbeitet. Dabei werden die für das Erstellen des Literaturverzeichnisses notwendigen Angaben in eine Hilfsdatei geschrieben. Anschließend wird BIBTEX aufgerufen. Wenn Sie – wie vorgeschlagen – MicroEmacs verwenden, ist das Programm BIBTEX so eingerichtet, daß Sie es aus dem Menü von MicroEmacs aufrufen können. Nachdem BIBTEX seine Arbeit verrichtet hat, müssen Sie das gesamte Dokument noch zweimal bearbeiten, um ein korrektes Literaturverzeichnis zu erhalten[2].

---

[1] Die Datenbankdatei muß sich in einem Verzeichnis befinden, das durch LATEX 2ε bei der Bearbeitung durchsucht wird. Im Zweifelsfall sollte die Datenbank im gleichen Verzeichnis wie der Text befinden. Pfadangaben sind in LATEX 2ε-Befehlen nicht möglich.

[2] Da viele LATEX 2ε-Funktionen eine zweimalige Bearbeitung des Textes erfordern, spielt diese wiederholte Bearbeitung keine große Rolle

Kapitel 14

Titelblatt und anderes

Zu einer wissenschaftlichen Arbeit gehören auf jeden Fall eine Titelseite und eine Erklärung, daß die Arbeit eigenständig und nur mit den angegebenen Hilfsmitteln angefertigt wurde. Für beide Zwecke bietet uns LaTeX keine Standardlösung. Zwar gibt es in LaTeX 2_ε die Möglichkeit, eine Titelseite zu erzeugen, doch die auf ihr enthaltenen Elemente reichen für unsere Zwecke kaum aus. Ich will Ihnen an dieser Stelle deshalb eine Möglichkeit zeigen, wie Sie eine Titelseite für Ihre Arbeit erzeugen können.

14.1 Die Titelseite

Die Titelseite wird in einer eigenen Datei abgespeichert. Um Ihnen das Verständnis der folgenden Erläuterungen zu erleichtern, will ich die Erzeugung der Titelseiten an einem Beispiel abhandeln. Betrachten Sie dazu die Abbildung 14.1. Ich werde Ihnen in diesem Abschnitt erläutern, wie das dort gezeigte Titelblatt generiert wurde.

Zunächst einmal muß sichergestellt werden, daß die Titelseite weder Kopf- noch Fußzeilen enthält. Dazu steht an erster Stelle der Titelseitendefinition der Befehl

```
\thispagestyle{empty}
```

Wenn Sie die Standarddokumentenklasse **book** verwenden, sollten Sie zunächst dafür sorgen, daß die obere Seitenkante, von der aus aller weiterer Operationen erfolgen etwas nach oben verschoben wird. Genauer gesagt, muß der Bereich, an dem eigentliche Text beginnt, auf die Höhe des Bereichs geschoben werden, auf dem üblicherweise die Kopfzeile steht. Dazu verwenden wir den folgenden Befehl

```
\vspace{-3cm}
```

Der folgende Text wird zentriert und in Kapitälchen dargestellt. Der Zeilenumbruch erfolgt durch \\. Die Syntax für diesen Bereich der Titelseite lautet:

TEST-UNIVERSITÄT
FAKULTÄT FÜR TESTFRAGEN FORSCHUNGSBEREICH:
NEUE TESTS

Das Leben der Gummibärchen

Eine empirische Untersuchung

Test-Universität
Medizinische Fakultät
Latex-Straße 12
12345 Gummidorf

vorgelegt von:
M. Sowieso

Berlin, 1996

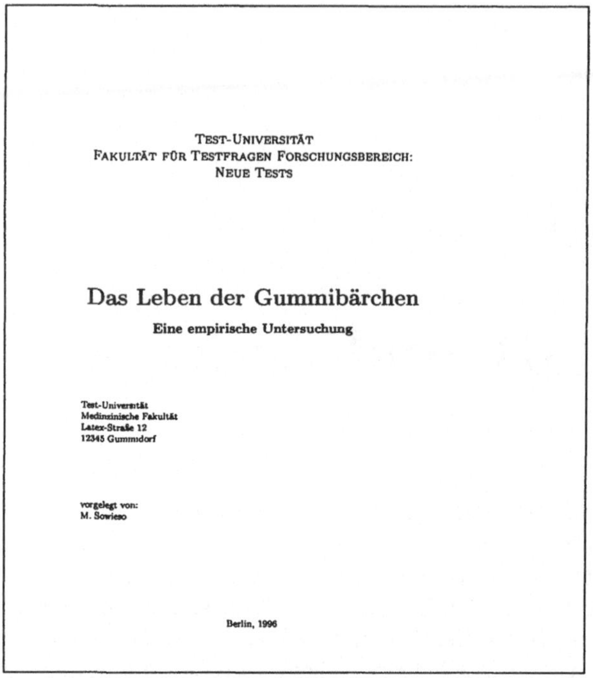

Abbildung 14.1: Beispiel einer Titelseite

```
begin{center}
\Large{\textsc{Test-Universität\\
Fakultät für Testfragen
Forschungsbereich: Neue Tests}}
\end{center}
```

Der nächste Textbereich ist der eigentliche Titel der Arbeit. Er befindet sich 3 cm unter dem Text mit der Bezeichnung der Hochschule und des Fachbereichs. Er ist in einer größeren Schriftart und fett formatiert. Auch dieser Text ist zentriert.

```
\vskip 3cm
\begin{center}
\Huge{\textbf{Das Leben der Gummibärchen}}
\end{center}
```

Der nächste Textbereich ist der Untertitel der Arbeit. Er ist in einer kleineren Schriftart gesetzt. Die Attribute fett und zentriert werden aber auch hier verwendet.

```
\begin{center}
\Large{\textbf{Eine empirische Untersuchung}}
\end{center}
```

Nach einem Sprung von weiteren 2 cm folgt die Adresse der Universität und nach weiteren 2 cm der Name des Autoren. Damit der Ort und die Jahreszahl genau am unteren Seitenrand erscheinen, wird der Befehl

```
\vfill
```

verwendet. Er erzeugt eine Gummilänge und verschiebt die Angabe `Berlin, 1996` an den unteren Rand der Seite. Die letzten Zeilen der Titelseite lauten demnach:

```
\vskip 2cm
Test-Universität\\
Medinzinische Fakultät\\
Latex-Straße 12\\
12345 Gummidorf
\vskip 2cm
vorgelegt von:\\
M. Sowieso
\vfill
\begin{center}
Berlin, 1996
\end{center}
```

Diese Titelseite können Sie als Basis für die Gestaltung Ihrer eigenen Titelseite verwenden. Um ein Gefühl für die Wirkung der einzelnen Befehle zu kommen, sollten Sie ein wenig mit diesem Angaben experimentieren. Als Anregung sei gesagt, daß auch Tabellen in eine so gestaltete Titelseite aufgenommen werden können, um weitere Informationen aufzunehmen. So fehlen in der Beispieltitelseite die Angaben zu den Betreuern usw. Leider gibt es keine allgemeingültigen Vorschriften, so daß Sie mit dem in diesem Kapitel und in diesem Buch vermittelten Wissen ausgestattet, eine eigene Titelseite generieren müssen. Möglicherweise gibt es jedoch an Ihrer Universität oder Hochschule bereits ein LaTeX 2_ε-Paket, mit dem Sie eine Titelseite gestalten können.

14.2 Die ehrenwörtliche Erklärung

Eine wissenschaftliche Abschlußarbeit ist nur vollständig, wenn Sie versichern, daß Sie alle keine Autorenrechte verletzt haben, daß Sie also Zitate als solche kenntlich gemacht haben und Sie die Arbeit tatsächlich selbständig angefertigt haben.

In diesem Abschnitt will ich Ihnen eine Möglichkeit zeigen, eine solche Erklärung zu formulieren und zu formatieren. Dabei soll erklärt werden, wie die in der Abbildung 14.2 gezeigte Ehrenwörtliche Erklärung entstanden ist.

Wie die Titelseite so wird auch die Ehrenwörtliche Erklärung in einer gesonderten Datei gespeichert. Um Kopf- und Fußzeilen zu unterdrücken, beginnt die Definition mit dem Befehl

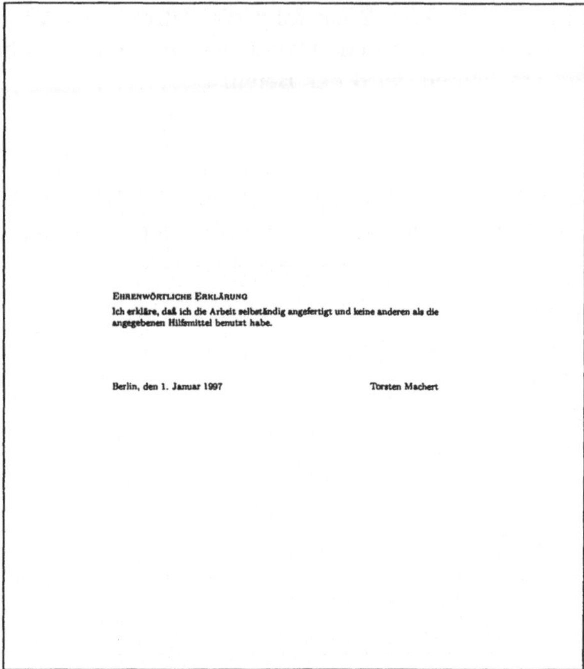

Abbildung 14.2: Beispiel einer Ehrenwörtlichen Erklärung

```
\thispagestyle{empty}
```

Die Erklärung soll nach einem Drittel der Seite beginnen. Wir verwenden dazu den Befehl

```
\vspace*{.3\textheight}
```

Dadurch wird am oberen Seitenrand ein freier Raum geschaffen, dessen Höhe 30% der Texthöhe entspricht. In Kapitälchen gesetzt folgt die Überschrift, die durch den folgenden Befehl entsteht:

```
\textsc{Ehrenwörtliche Erklärung}
```

Zwischen die Überschrift und den folgenden Text wird ein Abstand von 1 ex gesetzt.

```
\vspace*{1ex}
```

Es folgt der Text der Erklärung. Nach weiteren 2 cm endet die gesamte Erklärung mit den Angaben zu Ort, Datum und Name, über dem später Ihre Unterschrift stehen wird. Die letzten Zeilen der Datei mit der ehrenwörtlichen Erklärung lauten demnach so:

```
Ich erkläre, daß ich die Arbeit selbständig
 angefertigt und keine anderen als
die angegebenen Hilfsmittel benutzt habe.
\vspace*{2cm}

Berlin, den 1. Januar 1997 \hfill Torsten Machert
```

Kapitel 15

Publikation im Internet

Das schnellste und wichtigste Informationsmedium ist heute das Internet. Und gerade für wissenschaftliche Publikationen ist dieses Netz ein wichtiges – vielleicht sogar das wichtigste – Medium für die Veröffentlichung wissenschaftlicher Arbeiten geworden. Immerhin wurde HTML am Europäischen Kernforschungszentrum *CERN* entwickelt, um den Wissenschaftlern eine einheitliche Umgebung für den weltweiten Austausch und die Veröffentlichung von wissenschaftlichen Arbeiten zu geben.

Darum sollten auch Sie nicht zögern, Ihre Arbeit in das Netz der Netze zu stellen und sie damit einer breiteren Öffentlichkeit zur Verfügung zu stellen.

Ich will Ihnen in diesem Kapitel zeigen, wie Sie Ihre Arbeit in ein Format bekommen, daß geeignet ist, im Internet präsentiert zu werden.

15.1   Publikation in HTML

Die sicher beste Lösung wäre es, Ihre Arbeit in das HTML-Format zu konvertieren. Für eine solche Aufgabe gibt es eine recht gute Lösung, die momentan allerdings nur unter UNIX und seinen Derivaten funktioniert. Es handelt sich dabei um das Programm LATEX2HTML von Nikos Drakos. Dieses Pogramm liest eine LaTeX-Datei ein und konvertiert sie nach HTML. Grafiken werden in das GIF-Format gewandelt. Das gleiche gilt für Formeln. Da es für die Darstellung von Formeln in HTML keine Möglichkeiten gibt, bleibt nur die Möglichkeit, sie in Bitmap-Dateien umzuwandeln, die in einem Browser dargestellt werden können.

Wenn Sie Zugang zu einem UNIX-Rechner haben, sollten Sie sich dieses Programm besorgen und Ihre Arbeit damit konvertieren. Sie finden dieses Programm unter anderem unter `ftp://ftp.dante.de`.

15.2 Publikation als PostScript- oder PDF-Datei

Eine andere Möglichkeit besteht in der Publikation der Arbeit als PostScript- oder PDF-Datei. Diese Dateien können auch in einem Browser betrachtet werden, wenn der Leser Ihrer Arbeit ein dafür geeignetes Programm zur Verfügung hat.

Als Viewer von solchen Dateien eignet sich das Gespann aus Ghostscript und Ghost-View. Wenn der Anwender auf eine PostScript- oder PDF-Datei im Internet trifft, kann er sie durch Anklicken auf seinen Rechner laden und im Browser ansehen. Dazu muß der Browser allerdings entsprechend konfiguriert sein. Jeder Browser bietet die Möglichkeit, die Konfiguration des Browsers zu manipulieren. Zu diesen Manipulationen gehört es beispielsweise festzulegen, welche Aktion auageführt werden soll, wenn eine Datei eines bestimmten Typs aus dem Internet geladen wird. An der Stelle Ihres Browsers, wo solche Einstellungen vorgenommen werden, müssen Sie auch GhostView anmelden. Im Netscape-Browser erfolgt diese Anmeldung im Menü Einstellungen in der Registerkarte Hilfsprogramme. Klicken Sie auf den Button Neuen Typ erstellen ... . Hier geben Sie als MIME-Typ ein: `application` und als MIME-Untergruppe ps. Klicken Sie anschließend auf OK. Im Textfeld Datei-Erweiterung tragen Sie die Endung der Datei – also beispielsweise ps – ein. Als Aktion wählen Sie die Option Anwendung starten:. Im Feld darunter tragen Sie nun die zu startende Anwendung ein oder suchen sie mit Hilfe des Buttons Durchsuchen ... . Wenn Sie GSView verwenden, würde in diesem Feld also stehen: `C:\GSTOOLS\GSVIEW\GSVIEW32.EXE`. Verfahren Sie ebenso für die PDF-Dateien, die jedoch die Endung `pdf` haben. Der MIME-Typ ist application und die MIME-Untergruppe ist pdf. Als zu startende Anwendung wählen Sie ebenfalls GSView.

Die oben beschriebenen Einstellungen müssen natürlich nicht nur Sie vornehmen, sondern auch die Leser Ihrer Arbeit. Wenn Sie Ihre Arbeit im Internet veröffentlichen, sollten Sie es also auch nicht versäumen, dem Leser Hinweise zu geben, wie er sich Ihre Arbeit ansehen kann.

15.2.1 Erzeugung von PS- und PDF-Dateien

Um Ihre Arbeit als PostScript- oder PDF-Datei im Internet veröffentlichen zu können, müssen Sie sie in dieses Format konvertieren. Daß Sie aus einer dvi-Datei mit dvips eine PostScript-Datei erzeugen, wissen Sie bereits. Um zu einer Datei im PDF-Format zu kommen, müssen Sie ein geeignetes Konvertierungstool verwenden, das in der Lage ist, PostScript-Dateien in PDF-Dateien umzuwandeln. Im professionellen Bereich wird dazu das Programm Adobe Distiller verwendet. Wenn Ihnen dieses Programm nicht zur Verfügung steht, können Sie auch die aktuelle Version des Programms Ghostscript – also ab Version 5.03 – verwenden. Zum Lieferumfang dieses Programms gehört das Script ps2pdf. Mit folgendem Befehl kann eine PostScript-Datei in eine PDF-Datei konvertiert werden:

```
ps2pdf datei.ps datei.pdf
```

datei ist dabei der Name der Eingabe- und der Ausgabedatei. Sie können für die Ausgabe auch eine andere Dateibezeichnung verwenden.

15.2.2 Die praktische Umsetzung

Im Gegensatz zur Veröffentlichung Ihrer Arbeit im HTML-Format, ist bei der Publikation der Arbeit im PostScript- oder PDF-Format mit einem erheblich größeren Datenvolumen zu rechnen. Die Zeiten für das Herunterladen Ihrer Arbeit aus dem Netz wäre ungleich länger. Sie sollten die Arbeit daher nicht nur in einem Stück anbieten, sondern dem Leser auch die Möglichkeit geben, nur bestimmte Kapitel aus dem Netz zu laden. Was sich so einfach sagt, bedarf aber einiger Handarbeit, um die Arbeit zu „zerlegen". Zwar bietet dvips die Möglichkeit, eine PostScript in mehrere Einzeldateien zu zerlegen. Jedoch orientiert sich das Programm dabei nicht an der Kapitelstruktur sondern zerlegt die Datei nach einer vorgegebenen Anzahl Seiten. Diese Variante ist für unsere Zwecke als ungeeignet zu betrachten.

Um die Arbeit kapitelweise anzubieten, müssen wie manuell vorgehen. Es muß jedes einzelne Kapitel einzeln mit LaTeX 2ε bearbeitet werden. Die dabei entstehende dvi-Datei wird in eine PostScript-Datei und anschließend in eine PDF-Datei umgewandelt. Die so entstandene Datei muß vor der weiteren Bearbeitung umbenannt werden, um sie vor dem Überschreiben durch die nächsten Dateien zu schützen. Benennen Sie die Dateien beispielsweise mit `kap`, gefolgt von der laufenden Kapitelnummer und der Dateiendung `pdf`.

Bevor die Bearbeitung mit dem nächsten Kapitel fortgestetzt werden kann, muß es in die zentrale Datei der Arbeit durch den entsprechend `\input`-Befehl geladen werden. Die zuvor bearbeitete Datei muß gelöscht oder auskommentiert werden. Würde die nunmehr aktuelle Datei jetzt bearbeitet werden, würde die Seitennumerierung wieder bei Eins beginnen. Deshalb muß der Seitenzähler manuell auf den entsprechenden Wert gesetzt werden. Endete das vorhergehende Kapitel auf der Seite 8, muß das neue Kapitel auf der Seite 9 beginnen. Dazu verwenden wir den folgenden Befehl

```
\setcounter{page}{9}
```

Nach der Bearbeitung dieses Kapitels wird mit den folgenden ebenso verfahren und der Seitenzähler immer manuell hochgesetzt. Die so entstandenen PDF-Dateien können Sie auf einem Web-Server publizieren und den Zugang auf sie über eine HTML-Seite ermöglichen. Auf dieser Seite müssen Verweise auf die einzelnen Dateien vorhanden sein. Sie können auch eine kurze Beschreibung jedes einzelnen Kapitels aufnehmen. Lassen Sie uns an einem Beispiel das Vorgehen und die nötige HTML-Syntax erläutern. Wir wollen dazu Verweise auf die Kapitel 1 und 2 einer Arbeit erstellen. Sehen Sie sich dazu das folgende Listing an.

```
<html>
<body>
<a href="kap01.pdf" >Hier steht Kapitel 1</a>
<a href="kap02.pdf" >Hier steht Kapitel 2</a>
</body>
</html>
```

Auf die jeweiligen Dateien wird im Ausdruck href verwiesen, dem hinter dem Gleichheitszeichen in Anführungszeichen der entsprechende Dateiname folgt. Wenn Sie die PDF-Dateien nicht im gleichen Verzeichnis wie die HTML-Datei befinden, muß der vollständige Pfad angegeben werden. Die beiden Ausdrücke Hier steht Kapitel 1 und Hier steht Kapitel 2 werden im Browser unterstrichen dargestellt. Wird eine der beiden unterstrichenen Ausdrücke angeklickt, wird die entsprechende Datei vom Web-Server zum Computer des Anwenders heruntergeladen.

Nach diesem Muster können Sie die HTML-Seite gestalten, mit der Sie Ihre Arbeit im Internet präsentieren.

Kapitel 16

Weitere Tips und Tricks

16.1 Aufteilung des Dokuments

Wissenschaftliche Publikationen können einen beträchtlichen Umfang annehmen. Um nicht mit großen Dateien bzw. Texten hantieren zu müssen, ist es dringend zu empfehlen, die Arbeit nicht in einer einzigen Datei zu speichern, sondern sie in mehrere Dateien zu zerlegen. Hierbei bietet es sich an, für jedes Kapitel eine gesonderte Datei anzulegen. Der Vorteil besteht darin, daß bei der Arbeit an einem Kapitel und zum Überprüfen der fehlerfreien Verwendung der LaTeX 2$_\varepsilon$-Befehle nicht immer die ganze Arbeit durch LaTeX 2$_\varepsilon$ bearbeitet werden muß. Erst beim endgültigen Setzen der gesamten Arbeit werden alle Dateien zusammengeführt.

Wenn Sie sich für dieses Vorgehen entscheiden, sollten Sie eine „zentrale" Datei anlegen. Diese Datei enthält die für die ganze Arbeit gültige Präambel mit allen notwendigen Steuerinformationen sowie die Befehle \begin{document} und \end{document}. Wenn Sie Anhänge verwenden, benötigen Sie zusätzlich die beiden Befehle \begin{appendix} und \end{document}. Die Dateien, in denen die einzelnen Kapitel gespeichert sind, werden durch den Befehl \input{*dateiname*} eingebunden. *dateiname* ist dabei der Name der einzubindenden Datei[1]. Ein solches zentrale Dokument könnte folgendermaßen aussehen[2]:

Beispiel für haupt.tex

```
\documentclass[a4paper]{thesis}
\usepackage{german, a4}

\begin{document}
```

---

[1] Wenn diese Datei eine andere Endung als tex aufweist, muß auch die Dateiendung mit angegeben werden.

[2] Ich gehe dabei davon aus, daß die Dateien mit den Kapiteln die Bezeichnung kap01, kap02 usw. haben und die Dateien mit den Anhängen die Bezeichnungen anh01, anh02 usw. Die zentrale Datei soll die Bezeichnung haupt.tex haben.

```
\input {kap01}
\input {kap02}
\input {kap03}

\begin{appendix}
\input {anh01}
\input {anh02}

\end{appendix}

\end{document}
```

Durch den Befehl

```
\input{dateiname}
```

werden die einzelnen Dateien so in das Gesamtdokument eingebunden, als ob sie an der Stelle stünden, an der input-Befehl steht. Um nun bestimmte Dateien von der Bearbeitung durch LaTeX 2_ε auszuschließen, muß vor die Zeilen, in denen diese Dateien geladen würden, das Zeichen % gesetzt werden. Damit wird die dem Zeichen folgende Zeile als Kommentar betrachtet und bei der Bearbeitung nicht berücksichtigt.

Die Dateien, in denen die Kapitel und Anhänge gespeichert werden, dürfen keine Anweisungen enthalten, die zur Dokumentenpräambel gehören. Entsprechend sollten die Befehle \begin{document}, \end{document}, \begin{appendix} und \end {appendix} nur in der zentralen Datei verwendet werden.

Die zentrale Datei sollte darüber hinaus, die Anweisungen zum Erstellen der Titelseite und zum Einbinden der benötigten Verzeichnisse (Inhalts-, Abbildungs-, Tabellen-, Literatur- und Stichwortverzeichnis) enthalten.

16.2 Das endgültige Setzen der Arbeit

Bei der Arbeit mit LaTeX 2_ε bleibt es nicht aus, daß es zu Tippfehlern bei der Eingabe von LaTeX 2_ε-Befehlen kommt. Da diese Fehler unter Umständen dazu führen, daß das Dokument nicht gesetzt werden kann, sollten Sie Ihre Arbeit erst dann als ganzes Dokument durch LaTeX 2_ε setzen lassen, wenn jedes einzelne Dokument fehlerfrei ist. Es ist wirklich ärgerlich, wenn LaTeX 2_ε seine Arbeit nicht beenden kann, wenn auf der vorletzten Seite einer 200-Seiten-Arbeit ein Syntaxfehler vorliegt.

Beim Schreiben der Arbeit sollten Sie hin und wieder das gerade bearbeitete Kapitel durch LaTeX 2_ε bearbeiten lassen. Dadurch werden Fehler rechtzeitig erkannt und beseitigt. Weitere Hinweise zum Fehlermanagment finden Sie im Anhang C.

Bevor Sie Ihre Arbeit endgültig setzen, sollten Sie die Hilfsdatei mit der Endung aux aus dem Verzeichnis löschen, indem Ihre Dateien liegen. In diese Datei hat

LaTeX 2_ε bei vorhergehenden Bearbeitungsläufen Informationen hinterlassen, die nun nicht mehr benötigt werden. Das endgültige Setzen der Arbeit sollte mit einer „jungfräulichen" Hilfsdatei begonnen werden.

Wenn Sie – wie empfohlen – MicroEmacs als Editor verwenden, laden Sie nun die zentrale Datei Ihres Dokuments in MicroEmacs. Starten Sie LaTeX 2_ε für den ersten Bearbeitungslauf. Bearbeiten Sie Ihr Dokument anschließend erneut durch LaTeX 2_ε. Jetzt sind bereits alle Querverweise in das Dokument eingearbeitet, und das Inhaltsverzeichnis hat die richtigen Einträge.

Im nächsten Schritt erzeugen Sie aus den Rohdaten der Indexeinträge eine Datei mit den geordneten Indexeinträgen. Rufen Sie dazu das Programm *MakeIndex* auf. Sollte Ihnen dieser Schritt unverständlich sein, lesen Sie bitte nochmals das Kapitel 12.

Anschließend generieren Sie das Literaturverzeichnis mit BibTeX. Informationen hierzu finden Sie im Kapitel 13.

Jetzt lassen Sie das Dokument noch zweimal durch LaTeX 2_ε bearbeiten. Die dabei entstehende dvi-Datei können Sie mit einem Previewprogramm betrachten und auch ausdrucken. Eine andere Möglichkeit besteht darin, sie zunächst in eine PostScript-Datei umzuwandeln und auf einem PostScript-fähigen Drucker auszudrucken. Sie können diese Datei aber auch zum Belichten geben oder an den Verlag senden, der Ihre Arbeit publizieren möchte.

Viele Verlage akzeptieren aber auch die Abgabe der Datei als LaTeX 2_ε-Datei. In einem solchen Fall müssen Sie nicht nur die Dateien abgeben, die die Kapitel Ihrer Arbeit enthalten, sondern auch alle anderen Dateien mit Steuerinformationen, die nicht zum Standardumfang eines LaTeX 2_ε-Systems gehören. In unserem Fall wäre es beispielsweise die Datei `umlaute.sty`.

Sowohl PostScript- als auch LaTeX 2_ε-Dateien haben den Vorteil, daß sie sich gut komprimieren lassen und demzufolge auch auf Disketten gut zu transportieren sind. Dieses Buch hat als PostScript-Datei einen Umfang von knapp 3 MByte. Nach der Komprimierung mit WinZip blieben nur knapp 700 kByte übrig.

Anhang A

LaTeX 2_ε-Installation

Ich will Ihnen in diesem Anhang ein paar Tips zur Installation eines LaTeX 2_ε-Systems geben. Dabei konzentriere ich mich zunächst auf emTeX und gehe im letzten Abschnitt auf MiKTeX ein, das noch vergleichsweise jung aber dennoch sehr zu empfehlen ist.

Alle hier erwähnten Programme sind im Internet beispielsweise unter `ftp://ftp.dante.de/tex-archive/` zu beziehen. Daneben haben einige Verlage auf CD-ROM Spiegelungen von ftp-Servern publiziert. Empfehlenswert ist die aus zwei CD-ROMs bestehende Spiegelung von Franzis und die Spiegelung von `ftp.dante.de`, die bei Addison-Wesley herausgegeben wurde.

A.1 emTeX

Zu den verbreitetsten LaTeX 2_ε-Distributionen gehört das von Eberhard Mattes entwickelte emTeX. Der Grund dafür liegt einerseits in der hohen Geschwindigkeit, mit der Dokumente bearbeitet werden. Andererseits ist emTeX vergleichsweise einfach zu installieren, da durch Eberhard Mattes umfangreiche Vorarbeiten bereits geleistet wurden. Ein TeX- bzw. LaTeX-System weist eine komplizierte Verzeichnisstruktur auf, die zu durchschauen gerade dem Einsteiger nicht leicht fällt. Mit emTeX müssen Sie sich um diese Struktur nicht kümmern. Andere Klippen bei der Installation von TeX bzw. LaTeX 2_ε werden in emTeX sicher umschifft. Um ein lauffähiges Systems zu erhalten, müssen beispielsweise Zeichensätze generiert werden. Bei der Installation anderer Distributionen bleibt die Fontgenerierung nicht selten erfolglos, weil dieser komplizierte Prozeß nur unzureichend dokumentiert ist. Auch hier hat Eberhard Mattes gute Vorarbeit geleistet und Zusatzprogramme entwickelt, die es auch dem Unerfahrenen ermöglichen, die benötigten Zeichensätze zu generieren.

Wegen der starken Verbreitung von MS-DOS und MS-Windows beschränke ich mich in diesem Buch darauf, die Installation eines Systems für die genannte Betriebssystemumgebung zu erläutern. Ein TEX- bzw. LATEX-System gibt es praktisch für jedes Betriebssystem. Es ist fester Bestandteil vieler Linux-Distributionen. Obgleich es nicht für jedes Betriebssystem eine emTEX-Distribution gibt, wird Ihnen die Beschäftigung mit emTEX hilfreich sein, wenn Sie einmal TEX bzw. LATEX auf einem anderen System installieren wollen.

Der Installationsprozeß wird in emTEX durch Installationsanweisungen erleichtert, die in deutscher und englischer Sprache vorliegen. Ungeachtet der guten Qualität dieser Dokumentationen will ich Ihnen – ausgehend von diesen Installationsanweisungen – eine Hilfe geben, die in manchen Punkten ausführlicher, in manchen Punkten weniger ausführlich als die Dokumentation von Eberhard Mattes ist. Es geht mir dabei darum, Ihnen eine Anleitung in die Hand zu geben, die Sie gleichsam in „blindem Gehorsam" abarbeiten sollten, um am Ende ein lauffähiges System auf der Festplatte Ihres PC vorzufinden. Einige Teile von emTEX werden wir nicht installieren, da wir die durch sie angebotenen Funktionen nicht benötigen oder durch andere Programme oder Dateien ersetzen. Das betrifft beispielsweise das Programm TEX-CAD, das zum Erzeugen von einfachen Vektorgrafiken geeignet ist, die in LATEX 2ε eingebunden werden können. Wir werden auch keine der zur emTEX-Distribution gehörenden Editoren installieren, sondern den Editor MicroEMACS verwenden.

Diese Anleitung geht davon aus, daß es kein Verzeichnis mit der Bezeichnung emTEX auf Ihrem PC gibt. Sollte es ein solches Verzeichnis geben, löschen Sie es vor der Installation, oder benennen Sie es um. Es dürfen in Ihrer autoexec.bat oder config.sys keine Verweise auf ein Verzeichnis mit der Bezeichnung emTEX exisitieren. Anderenfalls entfernen Sie bitte diese Verweise, und starten Sie Ihren Computer anschließend neu. Die in diesem Anhang beschriebene Installation sollte von Windows aus erfolgen. Zwar sind die meidten der installierten Programme „reine" DOS-Programme, sie laufen jedoch alle sowohl unter Windows 3.1x als auch unter Windows95. Sämtliche DOS-Programme werden wir daher in einer DOS-Box unter MS-Windows installieren. Sie werden feststellen, daß Ihr Computer während der Installation einige Stunden mit sich und der Installation einiger Zeichensätze beschäftigt sein wird. Wenn Sie die Installation – wie vorgeschlagen – unter Windows durchführen, werden Sie Ihren PC in dieser Zeit jedoch weiter nutzen können.

Die in den nächsten Abschnitten beschriebenen Kopierfunktionen können Sie – wie gezeigt – mit DOS-Befehlen, aber auch mit den Drag- and Drop-Funktionen im Dateimanager von Windows 3.1x oder im Explorer von Windows95 ausführen, wenn Sie mit den letztgenannten Programmen umgehen können.

Bei Unterschieden zwischen der Installation unter Windows 3.1x und Windows95 werde ich Sie explizit darauf hinweisen. Ansonsten gelten die Installationshinweise für beide Windows-Versionen.

Desweiteren geht diese Anleitung davon aus, daß Sie emTEX auf einem Laufwerk mit der Bezeichnung C installieren. Ich gehe davon aus, daß die Quelldateien auf einer CD-ROM – mit der Spiegelung eines ftp-Servers – im Laufwerk D befinden. Wenn Sie andere Laufwerke verwenden, müssen Sie die Bezeichnungen im Verlaufe der Installation entsprechend ändern.

A.1.1 Der erste Schritt

Die Installation von emTEX beginnt damit, daß wir ein Pogramm installieren, mit dem die zu emTEX gehörenden Dateien entpackt werden können. Zuvor starten Sie jedoch die MS-DOS-Eingabeaufforderung. Begeben Sie sich mit dem Befehl cd\ in das Wurzelverzeichnis Ihrer Festplatte. Von hier hier erzeugen Sie zunächst durch den Befehl md unzip ein Verzeichnis mit der Bezeichnung unzip. Begeben Sie sich mit cd unzip in dieses Verzeichnis. Die Installation des Dekomprimierungsprogramms erfolgt durch den Befehl

```
d:\systems\msdos\emtex\unz512x3
```

Nach der Abarbeitung dieses Befehls stehen Ihnen in diesem Verzeichnis zwei Programme zum Entpacken der emTEX-Dateien zur Verfügung. Da davon auszugehen ist, daß Sie einen PC mit einem Prozessor vom Typ 80386 oder besser verwenden, sollten Sie das für 32-bit-Prozessoren optimierte Programm unzip386.exe verwenden. Dieses Programm muß für die weitere emTEX-Installation in ein Verzeichnis kopiert werden, das in der path-Anweisung in Ihrer autoexec.bat angegeben ist. Ich gehe davon aus, daß sich diese Datei im Wurzelverzeichnis Ihrer Festplatte befindet. Gleichzeitig können Sie die Programmdatei dabei umbenennen, um sich später Schreibarbeit zu sparen. Die Anweisung zum Kopieren und Unbennenen lautet: copy unzip386.exe c:\unzip.exe. Mit cd\ begeben Sie sich in das Wurzelverzeichnis. Das Verzeichnis unzip kann gelöscht werden.

A.1.2 Installation des ersten Pakets

Nachdem die Vorbereitungen abgeschlossen sind, fahren wir mit der Installation der einzelnen Programmpakete fort. Dabei wird vorausgesetzt, daß das Programm unzip immer von c:\ aus aufgerufen wird. Um Schreibarbeit zu sparen, empfehle ich Ihnen, das MS-DOS-Programm doskey zu verwenden. Sie starten es, indem Sie an der Eingabeaufforderung doskey eingeben und die Eingabe durch das Betätigen der Return-Taste bestätigen. Dieses Programm dient dazu, an der Eingabeaufforderung eingebene Befehle zu speichern. Durch das Betätigen der Tasten für die Bewegung des Cursors nach oben bzw. unten kann durch eine Liste geblättert werden, die alle nach dem Aufruf von doskey ausgeführten Befehle enthält. Neben dem Vorteil, daß man somit einmal eingebene Befehle immer wieder verwenden kann, ermöglicht es doskey, die Eingabezeile zu editieren. Das bedeutet, daß Sie sich mit den Cursortasten innerhalb der Zeile frei bewegen, Zeichen löschen und einfügen können. Um Text einfügen zu können, müssen Sie allerdings zunächst einmal die Taste Einfg betätigen.

Das erste zu installierende Paket hat die Bezeichnung first.zip. Es wird durch den Befehl

```
unzip d:\systems\msdos\emtex\first
```

installiert. Nachdem dieses Paket installiert wurde, müssen Änderungen an der autoexec.bat und der config.sys vorgenommen werden. In der autoexec.bat muß die path-Anweisung ergänzt werden. Setzen Sie dazu zunächst an das Ende der path-Anweisung ein Semikolon, dem der Eintrag

```
\c:\emtex\bin
```

folgen muß. Darüber hinaus müssen Sie die Zeile

```
set emtexdir=c:\emtex
```

der autoexec.bat hinzufügen. Schreiben Sie sie gleich in die Zeile hinter der path-Anweisung. Speichern Sie die autoexec.bat und laden Sie die Datei config.sys in Ihren Editor.

Die config.sys muß die beiden Einträge

```
files=20
```

und

```
buffers=20
```

enthalten. Für den Fall, daß Sie später bei der Arbeit mit $\text{\LaTeX}\,2_\varepsilon$ die Fehlermeldung Kein Speicherplatz im Umgebungsbereich erhalten, müssen Sie der config.sys die Zeile

```
shell=c:\dos\command.com c:\dos /e:1024 /p
```

hinzufügen. Sollte damit die Fehlermeldung nicht vermieden werden, ersetzen Sie die Zahl 1024 durch 2048. Speichern Sie nun die modifizierte config.sys. Schließen Sie die DOS-Box, beenden Sie Windows und starten Sie Ihren Computer neu, um die eben vorgenommenen Änderungen wirksam werden zu lassen. Nach dem Neustart von Windows öffnen Sie erneut die DOS-Box, starten doskey, und begeben Sie sich in das Wurzelverzeichnis Ihrer Festplatte, um die Installation fortzusetzen[1].

A.1.3 Installation der 32-bit-Treiber

Damit auch in einer MS-DOS-Umgebung die Vorzüge moderner 32-bit-Prozessoren genutzt werden können, werden Treiber benötigt, die innerhalb des 16-bit-Betriebssystems den Betrieb von 32-bit-Programmen ermöglichen. In diesem Schritt sollen diese Treiber installiert werden. Die Installtion erfolgt durch den Befehl

```
d:\systems\msdos\emtex\emxrsx
```

In diesem Paket befinden sich auch Treiber, die den Betrieb der DOS-Programme in einer DOS-Box unter MS-Windows ermöglichen.

---

[1] Diesen Schritt wiederholen Sie immer, wenn ein Neustarten des Rechners im Verlauf der Installation notwendig wird.

Um die Treiber nutzen zu können, muß wiederum die path-Anweisung in der auto-exec.bat ergänzt werden. Laden Sie diese Datei also erneut in Ihren Editor, fügen Sie an das Ende der path-Anweisung ein Semikolon an und ergänzen Sie die Zeile um den Eintrag

```
c:\emx\bin
```

Damit die in A.1.1 und A.1.3 an der autoexec.bat und der config.sys vorgenommenen Änderungen wirksam werden können, müssen Sie Ihren Computer nun neu booten. Wenn Sie diesen Schritt nicht durchführen, ist die erfolgreiche Installation von LATEX 2ε gefährdet.

A.1.4 Installation der LATEX 2ε-Dateien

An dieser Stelle beginnt die Installation der eigentlichen TEX- und LATEX 2ε-Dateien. Wir beginnen mit der Installation der TEX-Dateien. Wir haben ja gesagt, daß wir es auch bei der Arbeit mit LATEX 2ε immer mit TEXzu tun haben. Dazu verwenden Sie den Befehl

```
d:\systems\msdos\emtex\tex4b
```

Nach dem automatischen Entpacken aller zu diesem Paket gehörenden Dateien geben Sie den Befehl

```
d:\systems\msdos\emtex\fontcm
```

ein. Mit ihm werden die Quelldateien der durch uns verwendeten Zeichensätze installiert.

Es schließt sich die Installation der LATEX 2ε-Dateien an. Sie werden durch den Befehl

```
d:\systems\msdos\emtex\l2input
```

entpackt. Zu LATEX 2ε gehören zusätzliche Zeichensätze, die mit dem Befehl

```
d:\systems\msdos\emtex\fontltx
```

installiert werden. Wenn Sie deutsche Texte schreiben wollen, benötigen Sie die Muster für die deutsche Silbentrennung und weitere Anpassungen an die Besonderheiten der deutschen Sprache. Diese Anpassung wird durch den Befehl

```
unzip d:\systems\msdos\emtex\german
```

installiert. Um die erweiterten Formelsatzmöglichkeiten von AMS-LATEX nutzen zu können, installieren wir nunmehr die dafür benötigten Zeichensätze. Der Befehl lautet:

```
d:\systems\msdos\emtex\fontams
```

A.1.5   Erzeugung der Formatdateien

Vor dem nächsten Schritt müssen weitere Umgebungsvariable in der **autoexec.bat** gesetzt werden, die für die weitere Installation und die Funktion von LATEX 2_ε wichtig sind. Schreiben Sie hinter die Zeile mit `set emtexdir` die folgenden Zeilen:

```
SET TEXINPUT=.;%EMTEXDIR%\TEXINPUT!
SET PATH=%EMTEXDIR%\BIN;%PATH%;
SET INDEXSTYLE=%EMTEXDIR%\IDXSTYLE
SET DVIDRVFONTS=%EMTEXDIR%\TEXFONTS
SET MFJOBOPT=/i /3
SET EMTEXED=q %%2 -n%%1
```

Beenden Sie Windows und starten Ihren PC neu.

Für die Arbeit mit TEX und LATEX 2_ε sind sogenannte Formatdateien nötig. Dabei handelt es sich um Batchdateien, mit denen TEX und LATEX 2_ε gestartet werden. Zum Erzeugen dieser Dateien begeben Sie sich vom Wurzelverzeichnis aus mit

```
cd emtex\btexfmts
```

in das gleichnamige Verzeichnis. Hier erzeugen wir zunächst die Formatdatei für TEX und geben dazu den Befehl

```
makefmt 386 plain US
```

ein. Anschließend generieren wir die Formatdatei für LATEX 2_ε und verwenden dazu den Befehl:

```
makefmt 386 latex2e US German 8bit -b \emtex\bin\latex2e
```

Dabei werden Sie unter Umständen mit dem Hinweis konfrontiert, daß die durch Sie installierte LATEX 2_ε-Version älter als ein halbes Jahr ist[2]. Ignorieren Sie diesen Hinweis durch das Betätigen der **Return**-Taste.

A.1.6   Installation der Zusatzpakete

Zu einer LATEX 2_ε-Distribution gehört eine Reihe von Zusatzpaketen, die den Funktionsumfang von LATEX 2_ε erheblich erweitert. Da Ihnen diese Zusatzpakete beim Anfertigen Ihrer wissenschaftlichen Arbeit gute Dienste leisten werden, sollen sie auch installiert werden. Diese Pakete werden durch die Datei l2tools.zip bereitgestellt. Sie wird durch den Befehl

```
unzip d:\systems\msdos\emtex\l2tools
```

entpackt. Damit die in dieser Datei enthaltenen Funktionen genutzt werden können, müssen sie nach dem Entpacken installiert werden. Sie liegen momentan noch in

---

[2] Jeweils im Juni und Dezember eines Jahres werden aktualisierte LATEX 2_ε-Versionen veröffentlicht.

einer Form vor, die ihre Verwendung nicht gestattet. Begeben Sie sich zunächst mit
dem Befehl

```
cd emtex\dist\latex\packages\tools
```

in das Verzeichnis, in dem sich die soeben entpackten Dateien befinden. Die Zusatzpakete befinden sich in der Datei tools.ins, aus der sie extrahiert werden müssen.
Das erfolgt mit LaTeX 2ε selbst. Geben Sie daher den Befehl

```
latex2e tools.ins
```

ein. Der nun einsetzende Vorgang wird ein paar Minuten dauern. Anschließend
müssen die entstandenen Dateien in ein anderes Verzeichnis kopiert werden. Dazu
verwenden Sie nacheinander die Befehle

```
copy *.sty c:\emtex\texinput\latex2e
```

sowie

```
copy *.cls c:\emtex\texinput\latex2e
```

Die Dateien im Verzeichnis

c:\emtex\dist\latex\packages\tools

können nun gelöscht werden.

A.1.7   Installation von Metafont

METAFONT ist ein ebenfalls von Donald Knuth entwickeltes Programm zum Erzeugen von Zeichensätzen. Es muß installiert werden, da emTeX Zeichensätze nur im
Quellformat bereitstellt, aus denen die nutzbaren Fontdateien erzeugt werden. Darüber hinaus wird METAFONT benötigt, um bei der Arbeit mit LaTeX 2ε bei Bedarf
Zeichensätze in weiteren Schriftgrößen zu generieren. Das Programm METAFONT
wird durch den Befehl

```
d:\systems\msdos\emtex\mf4b
```

installiert. Anschließend erfolgt die Installation des Programms mfjob.exe, das von
Eberhard Mattes entwickelt wurde, um den Prozeß der Zeichensatzgenerierung be-
nutzerfreundlicher zu gestalten. Dieses Programm installieren Sie durch den Befehl

```
d:\systems\msdos\emtex\mfjob12b
```

Der nächste Schritt besteht in der Installation weiterer Fontdateien. Geben Sie
dazu nacheinander die Befehle

```
d:\systems\msdos\emtex\fontdc d:\systems\msdos\emtex\fontams
sowie
unzip d:\emtex\fontemsy
```

ein. Zum Abschluß der METAFONT-Installation müssen Sie noch eine sogenannte Basisdatei für METAFONT erzeugen. Dazu begeben Sie sich von c:\ aus mit dem Befehl

```
cd emtex\bmfbases
```

in das entsprechende Verzeichnis. Hier geben Sie den Befehl

```
makebas 386 plain
```

ein. Damit ist die Installation von METAFONT abgeschlossen.

A.1.8   Installation von Druckertreiber und Previewer

Damit die bei der LATEX 2ε-Bearbeitung eines Dokuments entstehenden Dateien gedruckt werden können, bedarf es eines Druckertreibers. emTEX stellt Druckertreiber für viele Drucker bereit, die Sie unter MS-DOS verwenden können. Für den Einsatz unter MS-Windows werden wir zu einem späteren Zeitpunkt einen speziellen Druckertreiber installieren. Um die bei der Bearbeitung mit LATEX 2ε entstandenen Dokumente ansehen zu können, gibt es Programme, für die sich auch bei uns die Bezeichnung *Previewer* eingebürgert hat.

Druckertreiber und Vorschauprogramm werden durch die Befehle

```
unzip d:\emtex \dvid16e1
```

und

```
unzip d:\emtex \dvid16e2
```

installiert.

A.1.9   Erzeugung der Zeichensätze

Für die Arbeit mit LATEX 2ε sowie für die Voransicht und den Druck der Dokumente werden Zeichensätze benötigt. Diese Zeichensätze entstehen aus den Quelldateien, die Sie bereits installiert haben. Es werden zwei Arten von Zeichensätze benötigt. LATEX 2ε verwendet Fonts mit der Endung tfm, in der die Daten zur Geometrie der einzelnen Zeichen abgelegt sind. Für die Vorschau und den Druck des Dokuments werden Bitmapzeichen benötigt, die in Dateien mit der Endung pk abgelegt sind. Beide Zeichensatzarten sollen nun erzeugt werden.

Es muß an dieser Stelle gesagt werden, daß dieser Vorgang – in Abhängigkeit von der Leistung Ihres Computers – einige Stunden in Anspruch nehmen kann. Dabei müssen Sie Ihrem Computer allerdings keine Gesellschaft leisten. Nach der Eingabe eines Befehls können Sie ihn seine Arbeit machen lassen. Es ist empfehlenswert, diesen Teil der Installation abends zu beginnen, um dem Computer Gelegenheit zu

Drucker	Beschreibung
bj	Canon BubbleJet
dj	HP DeskJet
fax	Fax
fx	9-Nadel-Drucker
ito	C.ITOH 8510A
lj	HP LaserJet
ljh	HP Laserjet 4
lqh	24-Nadel-Drucker (360 dpi)
lql	24-Nadel-Drucker (180 dpi)
lqm	24-Nadel-Drucker (360×180 dpi)
qj	HP QuietJet
sty	Epson Sylus 800

Tabelle A.2: Durch emTₑX unterstützte Drucker

geben, über Nacht die Zeichensätze zu erzeugen. Auf meinem PC mit einem Prozessor vom Typ 486/DX2-66 mit 16MB RAM hat das Erzeugen aller Zeichensätze knapp sechs Stunden gedauert.

Von c:\ aus, geben Sie zunächst den Befehl

```
cd emtex\mfjob
```

ein. Bevor wir mit dem Erzeugen der Zeichensätze beginnen, sollten wir uns darauf einigen, daß die Zeichensätze für den Druckertreiber im Verzeichnis c:\emtex\texfonts installiert werden sollen. Dann müssen wir in der Datei modes.mfj eine kleine Änderung vornehmen. Laden Sie diese Datei dazu in Ihren Editor. In der Zeile, die mit **def target** beginnt, ersetzen Sie

```
[c:\newfonts]
```

durch

```
[c:\emtex\texfonts]
```

und speichern anschließend die Datei ab.

Sie bleiben in diesem Verzeichnis und beginnen mit dem Erzeugen der Zeichensätze. Dazu verwenden Sie den Befehl mfjob /i /3 *Basis* m= *Drucker*. *Basis* ist eine Datei mit der Endung mfj, die sich in dem Verzeichnis befinden, von dem aus Sie im Moment arbeiten. Für *Drucker* verwenden Sie eine der in der Tabelle A.2 aufgeführten Abkürzungen. Falls der durch Sie verwendete Drucker nicht unterstützt wird, müssen Sie Ihren Drucker unter Umständen zwingen, einen anderen Drucker

zu emulieren. Wie das gemacht wird, entnehmen Sie bitte Ihrem Druckerhandbuch.
Ich werde das weitere Vorgehen am Beispiel des HP Laserjet erläutern und verwende
demzufolge die Abkürzung lj. Als erste Basis verwenden wir all. Mit ihr werden 763
Zeichensatzdateien erzeugt. Auf meinem Rechner dauerte das 3:17 Stunden. Der
Befehl lautet:

```
mfjob /i /3 all m=lj
```

Die Parameter /i und /3 bedeuten, daß Fehler bei der Zeichensatzerzeugung ignoriert werden und die 32-bit-Variante von METAFONT genutzt wird.

Die nächsten durch uns genutzten Zeichensätze enthalten Frakturzeichen, die wir zur
Erzeugung mathematischer Formeln benötigen. Sie werden durch den Befehl mfjob
/i /3 euler m=lj generiert. Bei mir hat dieser Vorgang 59 Minuten gedauert, bei
dem 280 Zeichensatzdateien entstehen.

Am schnellsten erfolgt die Generierung einiger zusätzlicher Symbole. Sie entstehen
durch den Befehl

```
mfjob /i /3 emsy m=lj
```

Zum Schluß installieren wir dann noch die Zeichen, die wir für den erweiterten
Formelsatz mit AMS-LATEX benötigen. Dazu geben Sie den Befehl

```
mfjob /i /3 amsfonts m=lj
```

ein. Nach weiteren 45 Minuten war bei mir die Zeichensatzgenerierung beendet.

A.1.10   Erzeugung einer Fontbibliothek

Im Abschnitt A.1.9 haben Sie annähernd tausend Zeichensatzdateien erzeugt. Diese
Dateien können in einer einzigen Datei – einer sogenannten Fontbibliothek – zusam-
mengefaßt werden. Dieser Vorgang gestaltet sich in emTEX vergleichsweise einfach.
Sie müssen lediglich den Befehl:

```
fli_base lj 300 c:\emtex\texfonts
```

eingeben. Wenn Sie einen anderen Drucker verwenden, müssen Sie lj durch die
Abkürzung für Ihren Drucker und 300 durch die durch Ihren Drucker unterstützte
Auflösung ersetzen. Die dabei benötigten Angaben entnehmen Sie bitte der Tabelle
A.4.

Durch den durch mich verwendeten Befehl wird die Datei lj_base.fli erzeugt. Ich
halte die Dateiendung für problematisch, da sie auch verwendet wird, um Anima-
tionsdateien zu kennzeichnen. Eine Änderung der Dateiendung ist jedoch nicht
möglich, da Programme wie der Druckertreiber die benötigten Zeichensätze in einer
Datei mit eben dieser Endung suchen. Die Fontbibliotheksdatei sollten Sie in das
Verzeichnis c:\emtex\texfonts kopieren, sofern Sie sich dort noch nicht befindet.

Drucker	*Abkürzung*	*Auflösung*
Canon BubbleJet	bj	360
HP DeskJet	dj	300
Fax	fax	204
9-Nadel-Drucker	fx	240
C.ITOH 8510A	ito	160
HP Laserjet	lj	300
HP Laserjet 4	ljh	600
24-Nadel-Drucker	p6h	360
24-Nadel-Drucker	p6l	180
24-Nadel-Drucker	p6m	360
HP QuietJet	qj	192
EPSON STYLUS 800	sty	360

Tabelle A.4: Auflösung der durch emT$_E$X unterstützten Drucker

Alle Dateien, die im vorletzten Installationsschritt erzeugt wurden, werden nunmehr nicht mehr benötigt und können gelöscht werden. Verwenden Sie dazu den emT$_E$X-Befehl **emdelete**. Der vollständige Befehl lautet:

```
emdelete -v c:\emtex\texfonts\pixel.lj
```

Sollten Sie einen anderen Drucker verwenden, muß lj durch die entsprechende Abkürzung ersetzt werden.

A.1.11 Erzeugung der Initialisierungsdateien

Die durch Sie bisher installierten Programm erwarten, daß Ihnen Informationen über die auf Ihrer Festplatte vorhandenen Verzeichnisstuktur übergeben werden. Einige von diesen Informationen haben Sie breits in Ihre autoexec.bat und config.sys eingetragen. Es müßten nun weitere Eintragungen in der autoexec.bat vorgenommen werden. Ich schlage allerdings vor, alle für die Initialisierungs der Programme notwendigen Befehle in einer Batch-Datei zusammenzufassen und sie durch die autoexec.bat aufzurufen. Lassen Sie uns die Datei unter der Bezeichnung settex.bat im Verzeichnis c:\emtex speichern. Die Datei sollte folgenden Inhalt haben:

```
SET EMTEXDIR=C:\EMTEX
SET DVIDRVINPUT=C:\EMTEX\DOC
SET DVIDRVFONTS=C:\emtex\TEXFONTS
SET DVIDRVGRAPH=C:\EMTEX\DOC
SET INDEXSTYLE=C:\EMTEX\IDXSTYLE
SET MFJOBOPT=/3
SET EMTEXED=q %%2 -n%%1
```

Die in Ihrer autoexec.bat vorhandene Zeile set emtexdir=c:\emtex wird nun nicht mehr benötigt. Entfernen Sie diese Zeile und fügen Sie stattdessen die Zeile call c:\emtex\settex.bat hinzu, mit der die durch uns erzeugte Batch-Datei aufgerufen wird.

A.1.12   Installation von $\mathcal{AMS}$-LATEX

$\mathcal{AMS}$-LATEX stellt eine durch die American Mathematical Society herausgebene Erweiterung der Formelsatzmöglichkeiten von LATEX 2ε dar. Wir werden diese Erweiterungen im Kapitel 7 benötigen und sie deshalb installieren.

Zunächst muß die Datei amstex.zip entpackt werden. Geben Sie dazu den Befehl

```
d:\systems\msdos\gtex\amstex
```

ein. $\mathcal{AMS}$-LATEX wird dadurch in einer „Rohform" installiert. Für die „Fein"-Installation begeben Sie sich zunächst in das Verzeichnis

c:\emtex\dist\latex\packages\amslatex.

Die Installation von $\mathcal{AMS}$-LATEX erfolgt nun durch LATEX 2ε selbst. Geben Sie dazu den Befehl

```
latex2e amsclass.ins
```

ein. Der nächste auszuführende Befehl lautet:

```
latex2e amslatex.ins
```

Bei der Ausführung der letzten beiden Befehle wurden einige Dateien mit den Endungen sty und cls erzeugt. Diese Dateien müssen in ein Verzeichnis kopiert werden, das durch LATEX 2ε bei der Bearbeitung eines Dokuments durchsucht wird. Die dafür notwendigen Befehle lauten:

```
copy *.sty c:\emtex\texinput\latex2e
```

sowie

```
copy *.cls c:\emtex \texinput\latex2e
```

Damit ist die Installation von $\mathcal{AMS}$-LATEX abgeschlossen. Die Dateien im Verzeichnis

```
c:\emtex\dist\latex\packages\amslatex
```
können gelöscht werden.

A.1.13 Installation weiterer Programme

Damit sind wir bei der Installation an einem Punkt angelangt, an dem zum ersten Mal ein lauffähiges und nutzbares TEX- bzw. LATEX 2$_\varepsilon$-System auf der Festplatte Ihres Rechners vorliegt. Sie könnten nun beginnen, Texte zu erzeugen und mit LATEX 2$_\varepsilon$-Befehlen zu setzen. Das engültige Dokument könnten Sie mit dem Befehl

```
latex2e text
```

erzeugen. *text* ist dabei der Name der Datei, unter dem Sie Ihren Text abgespeichert haben. LATEX 2$_\varepsilon$ geht stets davon aus, daß die zu bearbeitenden Dateien die Endung tex haben. Sie muß daher in der Befehlszeile nicht explizit angegeben werden. Nach einer fehlerfreien Bearbeitung durch LATEX 2$_\varepsilon$ könnten Sie sich das gesetzte Dokument mit

```
v text
```

ansehen. *text* ist nunmehr das fertige Dokument, das den gleichen Namen wie die Ausgangsdatei besitzt. Die Endung dieser Datei lautet jedoch dvi.

An der Tatsache, daß ich im letzten Absatz häufigen Gebrauch vom Konjunktiv gemacht habe, können Sie vielleicht schon erkennen, daß ich ein solches Arbeiten nicht empfehle. Da die Bearbeitung eines Textes durch LATEX 2$_\varepsilon$ ein sehr zeitaufwendiger Prozeß sein kann, sollte man in jedem Fall ein Betriebssystem verwenden, daß den parallelen Betrieb mehrerer Programme ermöglicht. Das in diesem Anhang beschriebene System emTEX ist für den Einsatz unter MS-DOS vorgesehen. Wir wollen es daher um Programme für MS-Windows erweitern. Diese Programme können Sie sowohl unter Windows 3.1x als auch unter Windows95 verwenden. Beide Systeme ermöglichen zumindestens ein quasiparalleles Arbeiten mit mehreren Programmen.

A.1.13.1 Installation von MicroEMACS und DVIWIN

MicroEMACS ist ein unter Windows laufender Editor, der speziell für den Einsatz mit TEX und LATEX entwickelt wurde. Eine kurze Einführung in dieses Programm finden Sie im Anhang B. Wenn Sie unter Windows95 oder WindowsNT arbeiten, empfehle ich Ihnen die Nutzung der 32-bit-Version dieses Programms. Vor der Installation der Windows-Programm müssen Linkbibliotheken installiert werden, ohne die ein Betrieb der Programme nicht möglich ist. Geben Sie dazu den Befehl

```
unzip d:\systems\msdos\gtex\windll
```

ein. Um MicroEMACS zu installieren, geben Sie – ausgehend von c:\ – folgenden Befehl ein:

```
unzip d:\systems\msdos\gtex\emacs.zip
```

Dadurch wird das Programm im Verzeichnis `emtex\windows\` installiert. Begeben
Sie sich mit `cd emtex\windows\` in dieses Verzeichnis. Hier muß eine Datei an die
Verhältnisse auf Ihrer Festplatte angepaßt werden. Laden Sie die Datei emacs.rc in
Ihren Editor. Alle Passagen mit der Zeichenfolge `d:\emtex` müssen durch `c:\emtex`
ersetzt werden. Speichern Sie die Datei, nachdem Sie diese Veränderungen vorge-
nommen haben.

DVIWIN ist ein Programm, das zur Vorschau von Dokumenten dient, die mit TeX
bzw. $\LaTeX 2_\varepsilon$ gesetzt wurden. Wenn Sie MicroEMACS als Editor benutzen, können
Sie DVIWIN nach erfolgreicher Bearbeitung des Dokuments durch $\LaTeX 2_\varepsilon$ aus
MicroEMACS heraus aufrufen. DVIWIN verwenden Sie, um das Aussehen des
Dokuments zu kontrollieren und um es auszudrucken.

Die Installation von DVIWIN gestaltet sich recht einfach. Geben Sie im Wurzelverzeichnis Ihrer Festplatte den Befehl

```
unzip d:\systems\msdos\gtex\dviwin
```

ein. Nach dem Entpacken der Dateien ist das Programm einsetzbar. Sie sollten
es gleich einmal durch das Anklicken von `dviwin` starten, da wir dem Programm
mitteilen müssen, wo es die benötigten Zeichensatzdateien findet. Sie befinden
sich im Verzeichnis `c:\emtex \texfonts`. Dieses Verzeichnis müssen Sie in ein
Eingabefeld eintragen, das Sie über das Menü Options und den Menüeintrag Font
Directory... öffnen. Beenden Sie anschließend DVIWIN über das Menü Files und
den Menüeintrag Exit.

Im Verzeichnis `c:\emtex\windows` muß eine kleine Veränderung an der Datei dvi-
win.ini vorgenommen werden. Laden Sie diese Datei in einen Editor. Suchen Sie die
Zeile, die mit `fontpath` beginnt. Den Text hinter dem Gleichheitszeichen ersetzen
Sie durch `c:\emtex\texfonts` und speichern die Datei anschließend.

A.1.13.2   Installation von BiBTeX

BiBTeX ist ein Zusatzprogramm, das auf vergleichsweise einfache Weise das Anlegen
und Verwalten einer Literaturdatenbank ermöglicht. Das Programm wird durch den
Befehl

```
unzip d:\systems\msdos\emtex\bibtex4b
```

installiert. Weitere Schritte zur Installation dieses Programms sind nicht nötig.

A.1.13.3   Installation von *MakeIndex*

MakeIndex ist ein Zusatzprogramm, das zum Anlegen eines Stichwortverzeichnisses
verwendet wird. Ohne dieses Programm wäre das Erstellen eines Literaturverzeichnisses in $\LaTeX 2_\varepsilon$ mit einem hohen Arbeitsaufwand verbunden, da die $\LaTeX 2_\varepsilon$-

eigenen Mittel in diesem Punkt unzureichend sind. Wir wollen daher auf die Dienste dieses Programms nicht verzichten. Es wird durch den Befehl

```
unzip d:\systems\msdos\emtex\makeindx
```

installiert.

A.2 MiKTeX

Eine recht neue LaTeX-Distribution stellt MiKTeX dar. Sie ist komplett und schnell. Allerdings weist die Verzeichnisstruktur von den üblichen Strukturen eines LaTeX-Systems etwas ab. Dennoch müssen Sie sich darum nicht zu kümmern, so lange Sie das Systems so nutzen, wie es angeboten wird. Wenn Sie zu einem späteren Zeitpunkt zusätzliche Programme und Pakete in Ihr LaTeX-System einbinden wollen, werden Sie die dort angebotenen Installationshinweise nicht unverändert übernehmen können, sondern müssen Sie auf Ihr System „umrechnen". Ungeachtet dessen ist MiKTeX zu empfehlen. Allerdings fehlt in dieser Distribution ein Editor, den Sie nachträglich installieren müssen. Auch hier wird Ihnen MicroEmacs gute Dienste leisten.

Die Installation von MiKTeX ist recht einfach. Besorgen Sie sich zunächst alle Dateien. Sie finden die MiKTeX-Distribution beispielsweise unter

`ftp://ftp.dante.de/systems/win32/miktex`

Kopieren Sie alle Dateien in ein Verzeichnis Ihrer Festplatte und starten Sie das Programm `install`. Folgen Sie den Anweisungen am Bildschirm, und Ihr System wird in kürzester Zeit installiert. Sie müssen lediglich die Frage beantworten, ob Sie die Quelldateien auch installiert haben möchten und in welches Verzeichnis MiKTeX installiert werden soll. Alles weitere erfolgt dann automatisch.

Die Geschwindigkeit, mit der die Installation erfolgt, ist unter anderem dadurch zu erklären, daß keine Fonts für den Drucker und Previewer erzeugt werden. Sie werden bei Bedarf – also beim Betrachten oder Drucken – gleichsam nebenbei erzeugt. Angesichts der heute zur Verfügung stehenden Prozessorleistungen ist der Zeitverlust nicht nennenswert.

MiKTeX wird mit einer guten Installtionsanleitung mit HMTL-Format geliefert. Dort finden Sie auch Hinweise über das Einbinden von dvips, Ghostscript, GSView und dviwin.

A.3 Ghostscript und Ghostview

Die beiden Programme Ghostscript und Ghostview bzw. GSView unter Windows sollten Sie sich ebenfalls beschaffen, wenn Ihnen keine anderen Programme zum Ansehen und Ausdrucken von PostScript-Dateien zur Verfügung stehen.

Beide Programme sind ebenfalls dort zu beziehen, wo TeX- und LaTeX-Systeme

gespeichert werden. Von Deutschland aus, wäre das also der ftp-Server
`ftp://ftp.dante.de`.

Anhang B

Eine Einführung in MicroEMACS

MicroEMACS ist ein leistungsfähiger Editor, der in auch für den Einsatz mit TeX und LaTeX 2_ε prädestiniert ist. Wenn Sie Gelegenheit hatten, mit den Betriebssystemen LINUX oder OS/2 zu arbeiten, werden Sie auch auf den dort weit verbreiteten Editor EMACS gestoßen sein, der dank seiner enormen Flixibilität unter anderem auch als Entwicklungsumgebung für GNU C++ verwendet wird. Wir werden es mit einem Abkömmling dieses Programms zu tun haben. Das durch uns verwendete MicroEMACS ist für den Einsatz als Editor für TeX und LaTeXe bereits konfiguriert.

Ich erspare es mir, Ihnen eine vollständige Beschreibung von MicroEMACS anzubieten. Es kann sicher vorausgesetzt werden, daß Sie mit Editoren oder Textverarbeitungsprogrammen vertraut sind. Ich möchte Ihnen daher nur ein paar Besonderheiten nahebringen, die in MicroEMACS anders gelöst sind als in anderen Editoren.

B.1   Installation

Die Installation von MicroEMACS wird im Anhang A beschrieben. Damit Sie dieses Programm bequem aufrufen können, sollten Sie das Icon dieses Programms unter Windows 3.1x in einer Programmgruppe installieren. Wenn Sie mit Windows95 arbeiten, sollten Sie es auf den Desktop ziehen, um das Programm komfortabel starten zu können. Damit ist die Installation beendet.

B.2   Das Einrichten des Programms

Einen großen Teil der Programmeinrichtung haben wir bereits bei der im Kapitel A beschriebenen Installation erledigt, als wir in der Datei emacs.rc die Pfade auf bestimmte Programme an die tatsächlich vorhandenen Verhältnisse auf Ihrer Festplatte anpaßten. Allerdings kann im Menü File über den Menüpunkt Mode ... ein Dialogfeld geöffnet werden, in dem weitere Einstellungen vornehmbar sind.

Für unsere Einsatzfälle ist der Punkt Word wrap interessant. Wenn das Kästchen aktiviert wurde, erfolgt beim Schreiben des Textes am Zeilenende automatisch ein Zeilenumbruch. Anderenfalls müssen Sie einen Zeilenumbruch durch das Betätigen der Return-Taste manuell auslösen.

Wenn Sie das Kästchen vor Overwrite aktivieren, können Sie eine markierte Textstelle überschreiben. Die anderen Felder haben für unseren Einsatz des Programms keine Bedeutung.

Im Menü File finden Sie neben dem Eintrag Mode ... noch den Menüpunkt Global mode ... Einstellungen, die in diesem Eingabefeld gemacht werden, beziehen sich auf alle Fenster, die geöffnet sind bzw. bei der Arbeit geöffnet werden. Die Einstellungen, die in Mode ... vorgenommen werden, beziehen sich nur auf das aktuelle Textfenster.

In der Statuszeile von MicroEMACS am unteren Bildschirmrand wird der aktive Modus angezeigt. Daneben finden Sie dort Informationen darüber, an welcher Zeile und Spalte des Textes sich die Schreibstelle aktuell befindet, wie die Bezeichnung der gerade bearbeiteten Datei lautet usw.

B.3   Starten von Drittprogrammen

Wenn Sie im Hauptmenü den Punkt Execute anklicken, sehen Sie in dem sich daraufhin öffnenden Menü die Namen von mehreren Programmen, für die MicroEMACS eingerichtet ist. Für uns werden die Punkte LaTeX, DviWin, BibTeX und MakeIndex interssant sein.

Die meisten dieser Programme werden über Batchdateien aufgerufen, die sich im gleichen Verzeichnis wie MicroEmacs befinden. Sollten Probleme beim Starten der Programm auftauchen, sollten Sie die entsprechend Batchdatei in eine Editor laden, um nachzusehen, ob in ihr alle Befehle korrekt angebeben sind.

Diese DOS-Dateien werden unter Windows durch sogenannte PIF-Dateien begleitet. Sie enthalten Informationen über die Parameter der jeweiligen DOS-Anwendung. Bevor Sie die Programme aus MicroEmacs starten können, müssen die in diesen Dateien enthaltenen Pfadangaben untert Umständen an die tatsächlichen Verhältnisse auf Ihrem PC angepaßt werden.

Unter Windows3.1x gehen Sie so vor, daß Sie die entsprechende PIF-Datei in den PIF-Editor laden, die Pfadangaben kontrollieren, gegebenenfalls ändern und die Datei wieder speichern.

Unter Windows95 oder WindowsNT klicken Sie im Explorer oder Ordnerfenster auf die jeweilige Batchdatei. Wenn das Programmsymbol unterlegt und der Mauspfeil auf dem Symbol ist, betätigen Sie nun die rechte Maustaste. Es öffnet sich ein Fenster, in dem Sie die Padeinstellungen kontrollieren und gegebenenfalls ändern können.

B.3.1 Starten einer LaTeX 2_ε-Bearbeitung

Um ein Dokument durch LaTeX 2_ε bearbeiten zu können, muß das zu bearbeitende Dokument in MicroEMACS geladen sein, und es muß bei mehreren geöffneten Dokumenten das aktive Fenster sein. Dann klicken Sie mit der Maus zunächst im Hauptmenü den Menüpunkt Execute und anschließend in dem sich öffnenen Pulldownmenü den Eintrag LaTeX2e. Dadurch wird die Bearbeitung des aktiven Dokuments ausgelöst.

B.3.2 Starten des Vorschauprogramms

Nach der Bearbeitung des Dokuments durch LaTeX 2_ε können Sie sich das gesetzte Dokument ansehen, indem Sie im Menü Execute den Menüpunkt DviWin anklicken. Dadurch wird das Vorschauprogramm DVIWin zusammen mit dem gesetzten Dokument aufgerufen. Aus DVIWin können Sie bei Bedarf dann das fertige Dokument ausdrucken. Voraussetzung ist auch hier wiederum, daß das Fenster des gewünschten Dokuments vor dem Aufruf von DVIWin aktiv ist.

B.3.3 Starten von BibTeX

Voraussetzung für die Verwendung von BibTeX ist, daß eine Literaturdatenbank vorliegt. Das Anlegen und Verwalten einer Literaturdatenbank wird im Kapitel 13 beschrieben. Nachdem das Dokument einmal fehlerfrei durch LaTeX 2_ε bearbeitet wurde, wird aus dem Menü Execute das Programm BibTeX durch das Anklicken des entsprechenden Menüpunktes aufgerufen. BibTeX extrahiert daraufhin aus einer durch LaTeX 2_ε angelegten Hilfsdatei Informationen, die für das Anlegen eines Literaturverzeichnisses benötigt werden und generiert es ausgehend von diesen Informationen und den Daten in der verwendeten Literaturdatenbank. Anschließend muß das Dokument erneut durch LaTeX 2_ε berarbeitet werden, damit das durch BibTeX erzeugte Literaturverzeichnis in das endgültige Dokument – im konkreten Fall also in Ihre wissenschaftliche Abschlußarbeit – eingebunden werden kann.

B.3.4 Starten von *MakeIndex*

MakeIndex ist ein Programm zum automatischen Erzeugen eines Stichwortverzeichnisses. Die Arbeit mit diesem Programm wird im Kapitel 12 beschrieben. Um ein Stichwortverzeichnis zu erzeugen, muß das Dokument zunächst einmals fehlerfrei durch LaTeX 2_ε berabeitet worden sein. Dann können Sie im Menü Execute den Menüpunkt MakeIndex anklicken, um dieses Programm zu starten. *MakeIndex* erzeugt nun ein Stichwortverzeichnis. Anschließend muß das Dokument noch *zweimal* berabeitet werden, damit alle Indexeinträge korrekt sind und das Stichwortverzeichnis in das Dokument eingebunden wird.

Es ist zu empfehlen, *MakeIndex* erst dann zu verwenden, wenn das Dokument seine endgültige Fassung hat. Jede Veränderung am Text macht ein erneutes Erstellen des Stichwortverzeichnisses notwendig, da unter Umständen die im Stichwortverzeichnis angegebenen Seitenzahlen nicht mehr stimmen können.

B.4   Editieren eines Textes

Das Editieren eines Textes sowie das Auschneiden, Kopieren und Einfügen von Zeichen und Texten erfolgt im wesentlichen so, wie Sie es von anderen Windows-Programmen kennen. Etwas gewöhnnungsbedürftig ist das Suchen und Ersetzen von Zeichen. Um ein Zeichen oder eine Zeichenkette zu suchen klicken Sie im Hauptmenü mit der Maus auf den Eintrag **Search forward**, um eine Suche vom Textanfang zum Textende bzw. **Search backward**, um eine Suche in entgegengesetzter Richtung zu starten. Sie werden daraufhin am unteren Bildschirmrand aufgefordert, das zu suchende Zeichen bzw. die zu suchende Zeichenkette einzugeben. Ihre Eingabe beenden Sie durch das Betätigen der **Escape**-Taste – nicht die **Return**-Taste!!.

Auf die gleiche Weise erfolgt die Eingabe beim Ersetzen, daß Sie im Menü **Search** durch den Befehl **Replace** bzw. **Query Replace** auslösen. Dabei geben Sie zunächst das zu suchende Wort und nach dem Betätigen der **Escape**-Taste das Ersatzwort ein. Der Ersetzungsvorgang wird dann durch das Drücken der **Escape**-Taste ausgelöst.

Die beiden Befehle **Replace** und **Query Replace** unterscheiden sich dadurch voneinander, daß Sie beim zweitgenannten Befehl vor jedem Ersetzen gefragt werden, ob Sie das gefundene Wort wirklich ersetzen wollen.

Anhang C

Fehlermanagement

Die im Zeitalter grafischer Benutzeroberflächen ungewohnte Arbeitsweise von $\text{\LaTeX}\,2_\varepsilon$ führt gerade zu Beginn der Beschäftigung mit diesem Satzsystem zu Fehlern bei der Eingabe von $\text{\LaTeX}\,2_\varepsilon$-Befehlen. Andere Fehler haben ihre Ursachen im falschen Gebrauch von $\text{\LaTeX}\,2_\varepsilon$-Befehlen. Doch seien Sie versichert, daß diese Fehlerart immer seltener auftritt, wenn Sie sich eine Weile mit $\text{\LaTeX}\,2_\varepsilon$ beschäftigt haben. Ich möchte daher zwischen Syntaxfehlern und Tippfehlern unterscheiden, obwohl ein Tippfehler letztlich auch einen Syntaxfehler darstellt, der jedoch unter Umständen anders behandelt werden kann.

Neben den Fehlermeldungen werden durch $\text{\LaTeX}\,2_\varepsilon$ auch Warnungen ausgegeben, die Sie darüber informieren, daß beispielsweise ein Zeichensatz nicht verfügbar ist oder, daß eine Zeile oder Seite zu viele oder zu wenig Zeichen enthält, um sie korrekt zu setzen.

C.1 Allgemeine Hinweise

Hat $\text{\LaTeX}\,2_\varepsilon$[1] bei der Bearbeitung des Textes einen Fehler entdeckt, hält es die Bearbeitung an, versucht Ihnen die Art des Fehlers zu erläutern und zeigt Ihnen die fehlerhafte Stelle zusammen mit der Zeilennummer an. Wenn Ihnen die Erläuterung unverständlich ist, können Sie durch die Eingabe von h nach weitergehenden Informationen fragen. Möglicherweise kann Ihnen $\text{\LaTeX}\,2_\varepsilon$ eine zusätzliche Hilfestellung bei der Identifikation des Fehlers geben. Sollte das nicht möglich sein, können Sie versuchen, die $\text{\LaTeX}\,2_\varepsilon$-Bearbeitung des Textes durch das Betätigen der **Return**-Taste fortzusetzen. Wird die Bearbeitung fortgesetzt, können Sie in der Vorschau unter Umständen einen Fehler entdecken.

Wenn Sie nicht möchten, daß $\text{\LaTeX}\,2_\varepsilon$ bei jedem entdeckten Fehler die Bearbeitung anhält, können Sie nach der ersten Fehlermeldung r eingeben. Damit versucht

---

[1] Genaugenommen kann es sich auch um Fehlermeldungen durch $\text{\TeX}$ handeln. Es soll jedoch in diesem Buch nicht zwischen $\text{\LaTeX}\,2_\varepsilon$- und $\text{\TeX}$-Fehlermeldungen unterschieden werden.

LATEX 2_ε die Bearbeitung des Textes zu Ende zu führen. In der Vorschau können Sie dann unter Umständen die fehlerhaften Stellen finden.

C.2   Behandlung von Tippfehlern

Die Behandlung von Tippfehlern bei der Eingabe von LATEX 2_ε-Befehlen wollen wir uns an einem Beispiel ansehen. Dazu erzwingen wir durch einen bewußt eingegeben Tippfehler eine LATEX 2_ε-Fehlermeldung. Die Eingabe von \emp{Test} erzeugt die Fehlermeldung:

```
! Undefined control sequence.
l.35  Der fehlerhafte Ausdruck \emp
                     {Test} erzeugt die Fehlermel...
```

Die Fehlermeldung beginnt mit der Beschreibung der Fehlerart. *Undefined control sequence* kann dabei sowohl auf einen Tippfehler als auch auf einen unbekannten Befehl hindeuten[2]. Die nächste Zeile der Fehlermeldung beginnt mit der Sequenz `l.35`. Das bedeutet, daß der Befehl in der Zeile 35 aufgetreten ist. Am Ende dieser Zeile befindet sich der falsche Befehl. Diese Stelle gilt es nun zu analysieren. In unserem Beispiel ist offensichtlich das h am Ende des Befehls emph vergessen worden. Nun haben Sie zwei Möglichkeiten zu reagieren. Die erste mögliche Reaktion sieht so aus, daß Sie sich die Nummer der Zeile merken, in der der Fehler auftritt, beenden mit x die LATEX 2_ε-Berabeitung des Textes und korrigieren in Ihrem Editor den Fehler. Als zweite Reaktionsmöglichkeit geben Sie ein i ein und erhalten daraufhin durch LATEX 2_ε die Gelegenheit, den Fehler unmittelbar zu korrigieren. Sie würden in diesem Fall also \emph eingeben und die Eingabe mit der Return-Taste bestätigen. Damit ist der Fehler allerdings nur für die laufende LATEX 2_ε-Bearbeitung beseitigt. Sie dürfen also nicht vergessen, den Fehler in der Textdatei selbst auch zu korrigieren.

Ein häufig auftretender Fehler besteht darin, daß beim Setzen von Formeln oder mathematischen Ausdrücken vergessen wird, die Formeln oder Ausdrücke in Klammern zu setzen. In der Regel kann LATEX 2_ε einen solchen Fehler selbständig korrigieren. Diese Korrektur erfolgt jedoch nur im Arbeitsspeicher. Im Text selbst müssen Sie diese Korrektur vornehmen.

C.3   Behandlung von Syntaxfehlern

Handelt es sich bei einem durch LATEX 2_ε gemeldeten Fehler nicht um einen Tippfehler, gestaltet sich die Suche nach der Fehlerursache häufig sehr schwierig, wenn der durch LATEX 2_ε ausgegebene Hinweis nicht ausreichend ist. In einem solchen Fall sollten Sie versuchen, den Text trotz der Fehlermeldung vollständig setzen zu

---

[2] Hier kommt wiederum ein philosophisches Moment zum tragen: Ein falsch geschriebener Befehl ist wegen der falschen Schreibweise gleichzeitig ein unbekannter Befehl.

lassen. Dann können Sie die Fehlerquelle unter Umständen in der Vorschau entdecken. Sollte dieser Weg erfolglos bleiben, hilft nur noch ein Blick in die LATEX 2ε-Dokumentation oder in dieses Buch, um sich nochmals über die korrekte Verwendung eines bestimmten Befehls zu informieren. In der Regel wird jedoch ein Fehler durch LATEX 2ε recht gut identifiziert, so daß Sie mit den ausgegebenen Hinweisen den Fehler beseitigen können sollten.

C.4 Umgang mit LATEX 2ε-Warnungen

Wenn LATEX 2ε bei der Bearbeitung eines Textes Warnungen ausgibt, wird der Bearbeitungsprozeß nicht angehalten. Auf schnellen Rechnern können Sie bestensfalls noch das Wort *Warnung* wahrnehmen. Den Inhalt der Warnung werden Sie nicht aufnehmen können. Sollten Sie also das Wort *Warnung* am Bildschirm sehen, sollten Sie nach der LATEX 2ε-Bearbeitung Ihres Textes eine Log-Datei öffnen, die den Namen der durch LATEX 2ε bearbeiteten Datei und die Endung log hat. In dieser Datei wird der gesamte LATEX 2ε-Prozeß protokolliert. In ihr finden Sie auch die Texte der einzelnen Warnungen.

Andererseits werden die Ursachen für eine Warnung auch in der Vorschau deutlich. Die am häufigsten ausgebenen Warnhinweise betreffen eine zu hohe bzw. zu geringe Zeichenanzahl in einer Zeile oder auf einer Seite. Diese Warnungen und Wege zu ihrer Vermeidung sollen in der Tabelle C.1 betrachtet werden.

Warnung	*Bedeutung und Weg zur Vermeidung*
`overfull \hbox`	In den angebenen Zeilen kann LATEX 2ε keine Möglichkeit zum Zeilenumbruch bzw. zum Trennen eines Wortes erkennen. Die Zeile ragt deshalb über den rechten Seitenrand hinaus. Wird in der Präambel des Dokuments im Befehl documentclass in eckigen Klammern als Option der Befehl draft verwendet, werden solche Stellen in der Vorschau und im gedruckten Dokument durch ein schwarzes Rechteck gekennzeichnet. Die Stellen, an denen LATEX 2ε gerne eine Trennung vornehmen würde, werden in der Log-Datei durch [ ] markiert. Diese Warnung kann vermieden werden, wenn LATEX 2ε mögliche Trennstellen explizit mitgeteilt werden oder der Satz umgestellt wird.
`underfull \hbox`	Hier stehen nach Auffassung von LATEX 2ε zu wenig Zeilen in einer Zeile. In der Regel betrifft diese Warnung Zeilen oder Absätze, in denen Sie manuell einen Zeilenumbruch ausgelöst haben. Wenn man davon ausgeht, daß Sie das aus gutem Grund getan haben, können Sie diese Warnung ruhigen Gewissens ignorieren.

Warnung	*Bedeutung und Weg zur Vermeidung*
`overfull \vbox`	Wird diese Warnung ausgegeben, kann LaTeX 2_ε keine geeignete Stelle finden, um einen Seitenumbruch durchzuführen und setzt daher zu viele Zeichen bzw. Zeilen auf die entsprechende Seite. Gegebenenfalls müssen Sie an einer geeigneten Stelle durch den Befehl `\newpage` einen Seitenumbruch manuell auslösen.
`underfull \vbox`	Diese Warnung tritt häufig auf, wenn zum Erzeugen von Tabellen die **tabular**-Umgebung verwendet wird. Da in so erzeugten Tabellen kein Seitenumbruch möglich ist, wird der Beginn langer Tabellen durch LaTeX 2_ε an den Beginn einer neuen Seite gesetzt. Der vor der Tabelle stehende Text wird gleichmäßig über die Seite vor der Tabelle verteilt. Stehen dort nur drei Zeilen Text, werden auch Sie durch LaTeX 2_ε so auseinandergezerrt, daß sie die Seite „ausfüllen". Die Folge ist diese Warnung. Da wir zum Erzeugen von Tabellen die **longtable**-Umgebung verwenden, ist diese Warnung nicht zu erwarten.

Tabelle C.1: Warnmeldungen

Anhang D

Aufstellung aller Sonderzeichen

D.1 Das griechische Alphabet

D.1.1 Die Kleinbuchstaben

Zeichen	Befehl	Zeichen	Befehl	Zeichen	Befehl
α	\alpha	β	\beta	γ	\gamma
δ	\delta	ϵ	\epsilon	ε	\varepsilon
ζ	\zeta	η	\eta	θ	\theta
ϑ	\vartheta	ι	\iota	κ	\kappa
λ	\lambda	μ	\mu	ν	\nu
ξ	\xi	o	o	π	\pi
ϖ	\varpi	ρ	\rho	ϱ	\varrho
σ	\sigma	ς	\varsigma	τ	\tau
υ	\upsilon	ϕ	\phi	φ	\varphi
χ	\chi	ψ	\psi	ω	\omega

D.1.2 Die Großbuchstaben

Zeichen	Befehl	Zeichen	Befehl	Zeichen	Befehl
Γ	\Gamma	Δ	\Delta	Θ	\Theta
Λ	\Lambda	Ξ	\Xi	Π	\Pi
Σ	\Sigma	Υ	\Upsilon	Φ	\Phi
Ψ	\Psi	Ω	\Omega		

D.2   Fremdsprachige Sonderzeichen

Zeichen	Befehl	Zeichen	Befehl	Zeichen	Befehl
å	{\aa}	Å	{\AA}	æ	{\ae}
Æ	{\Ae}	œ	{\oe}	Œ	{\oe}
ø	{\o}	Ø	\O	ł	{\l}
Ł	{\L}	¿	?`	¡	!`

D.3   Mathematische Funktionen

Zeichen	Befehl	Zeichen	Befehl	Zeichen	Befehl
arccos	\arscos	arcsin	\arcsin	arctan	\arctan
arg	\arg	cos	\cosh	cot	\cot
coth	\coth	csc	\csc	deg	\deg
det	\det	dim	\dim	exp	\exp
gcd	\gcd	hom	\hom	inf	\inf
ker	\ker	lg	\lg	lim	\lim
lim inf	\liminf	ln	\ln	log	\log
max	\max	min	\min	Pr	\Pr
sec	\sec	sin	\sin	sinh	\sinh
sup	\sup	tan	\tan	tanh	\tanh

D.4   Vergleichssysmbole

Zeichen	Befehl	Zeichen	Befehl	Zeichen	Befehl
$\leq$	\le o. \leq	$\geq$	\ge o. \geq	$\ll$	\ll
$\gg$	\gg	$\neq$	\neq	$\sim$	\sim
$\simeq$	\simeq	$\approx$	\approx	$\asymp$	\asymp
$\subset$	\subset	$\subseteq$	\subseteq	$\supset$	\supset
$\supseteq$	\supseteq	$\parallel$	\parallel	$\sqsubseteq$	\sqsubseteq
$\mid$	\mid	$\sqsupseteq$	\sqsupseteq	$\in$	\in
$\ni$	\ni	$\cong$	\cong	$\smile$	\smile
$\equiv$	\equiv	$\frown$	\frown	$\propto$	\propto
$\bowtie$	\bowtie	$\vdash$	\vdash	$\dashv$	\dashv
$\prec$	\prec	$\succ$	\succ	$\preceq$	\preceq
$\succeq$	\succeq	$\models$	\models	$\perp$	\perp
$\sqsupset$	\sqsupset	$\sqsubset$	\sqsubset	$\Join$	\Join

Die Negation der in der vorangehenden Tabelle dargestellten Symbole erfolgt durch das Voranstellen des Befehls \not. Das Zeichen $\neq$ erhält man also durch den Befehl

\not\equiv. Eine Ausnahme bilden die Negationen $\not<$, $\not>$ und $\neq$. Sie werden durch die Befehle \not<, \not> bzw. \not= erzeugt.

D.5 Symbole für binäre Operationen

Zeichen	Befehl	Zeichen	Befehl
$\pm$	\pm	$\mp$	\mp
$\times$	\times	$\div$	\div
$\cdot$	\cdot	$*$	\ast
$\star$	\star	$\dagger$	\dagger
$\ddagger$	\ddagger	$\amalg$	\amalg
$\cap$	\cap	$\cup$	\cup
$\uplus$	\uplus	$\sqcap$	\sqcap
$\sqcup$	\sqcup	$\vee$	\vee
$\wedge$	\wedge	$\setminus$	\setminus
$\wr$	\wr	$\circ$	\circ
$\bigcirc$	\bigcirc	$\bullet$	\bullet
$\Box$	\Box	$\diamond$	\diamond
$\Diamond$	\Diamond	$\lhd$	\lhd
$\rhd$	\rhd	$\unlhd$	\unlhd
$\unrhd$	\unrhd	$\bigtriangleup$	\bigtriangleup
$\bigtriangledown$	\bigtriangledown	$\triangleleft$	\triangleleft
$\triangleright$	\triangleright	$\oslash$	\oslash
$\oplus$	\oplus	$\odot$	\odot
$\ominus$	\ominus	$\otimes$	\otimes

D.6 Zeiger und Pfeile

Zeichen	Befehl	Zeichen	Befehl
$\leftarrow$	\leftarrow	$\rightarrow$	\rightarrow
$\longleftarrow$	\longleftarrow	$\longrightarrow$	\longrightarrow
$\Leftarrow$	\Leftarrow	$\Rightarrow$	\Rightarrow
$\Longleftarrow$	\Longleftarrow	$\Longrightarrow$	\Longrightarrow
$\hookleftarrow$	\hookleftarrow	$\hookrightarrow$	\hookrightarrow
$\leftharpoonup$	\leftharpoonup	$\rightharpoonup$	\rightharpoonup
$\leftharpoondown$	\leftharpoondown	$\rightharpoondown$	\rightharpoondown
$\rightleftharpoons$	\rightleftharpoons	$\leadsto$	\leadsto
$\leftrightarrow$	\leftrightarrow	$\longleftrightarrow$	\longleftrightarrow
$\Leftrightarrow$	\Leftrightarrow	$\Longleftrightarrow$	\Longleftrightarrow
$\mapsto$	\mapsto	$\longmapsto$	\longmapsto

Zeichen	Befehl	Zeichen	Befehl
↑	\uparrow	↓	downarrow
⇑	Uparrow	⇓	Downarrow
↕	updownarrow	⇕	Updownarrow
↗	nearrow	↘	searrow
↙	swarrow	↖	nwarrow

D.7   Klammersymbole

Zeichen	Befehl	Zeichen	Befehl	Zeichen	Befehl
(	(	)	)	/	/
[	[	]	]	\	\backslash
{	\{	}	\}	|	|
⟨	\langle	⟩	\rangle	‖	\\|
↑	\uparrow	⇑	\Uparrow	⌊	\lfloor
↓	\downarrow	⇓	\Downarrow	⌋	\rfloor
↕	\updownarrow	⇕	\Updownarrow	⌈	\lceil
⌉	\rceil				

D.8   Weitere mathematische Symbole

Zeichen	Befehl	Zeichen	Befehl	Zeichen	Befehl
Σ ∑	\sum	∏ ∏	\prod	⨿ ⨿	\coprod
∫ ∫	\int	∮ ∮	\oint	⨄ ⨄	\biguplus
∩ ∩	\bigcap	∪ ∪	\bigcup	⊔ ⊔	\bigsqcup
⊙ ⊙	\bigodot	⊗ ⊗	\bigotimes	⊕ ⊕	\bigoplus
∨ ∨	\bigvee	∧ ∧	\bigwedge		

Die in dieser Tabelle aufgeführten Symbole sind — wie Sie gut erkennen können — in zwei Größen darstellbar. Die jeweils links gezeigten Symbole werden erzeugt, indem vor den eigentlichen Befehl \textstyle gesetzt wird, die jeweils rechten Symbolen entstehen durch das Voranstellen des Befehls \displaystyle. Damit ist auch ausgedrückt, in welchem Zusammenhang die Symbole verwendet werden sollten: die kleinen Symbole zur Erzeugung von in den Fließtext eingebundenen Formeln, die größeren Symbole in freistehenden Formeln.

D.9   Zeichen mit Akzenten

Zeichen	Befehl	Zeichen	Befehl	Zeichen	Befehl
à	\\'{a}	á	\\'{a}	â	\\^{a}
ä	\\"{a}	ã	\\~{a}	ā	\\={a}
ȧ	\\.{a}	ă	\\u{a}	ǎ	\\v{a}
a̋	\\H{a}	a͡a	\\t{aa}	ą	\\c{a}
ạ	\\d{a}	a̲	\\b{a}		

D.10   Mathematische Zeichen mit Akzent

Zeichen	Befehl	Zeichen	Befehl	Zeichen	Befehl
$\hat{a}$	\\hat{a}	$\check{a}$	\\check{a}	$\dot{a}$	\\dot{a}
$\ddot{a}$	\\ddot{a}	$\breve{a}$	\\breve{a}	$\tilde{a}$	\\tilde{a}
$\grave{a}$	\\grave{a}	$\acute{a}$	\\acute{a}	$\bar{a}$	\\bar{a}
$\vec{a}$	\\vec{a}				

D.11   Sonstige mathematische Symbole

Zeichen	Befehl	Zeichen	Befehl	Zeichen	Befehl
$\flat$	\\flat	$\natural$	\\natural	$\sharp$	\\sharp
$\prime$	\\prime	$\backslash$	\\backslash	$\forall$	\\forall
∞	\\infty	$\exists$	\\exists	$\emptyset$	\\emptyset
$\Box$	\\Box	∇	\\nabla	$\neg$	\\neg
$\Diamond$	\\Diamond	$\surd$	\\surd	$\triangle$	\\triangle
$\|$	\\|	$\clubsuit$	\\clubsuit	$\aleph$	\\aleph
$\wp$	\\wp	$\top$	\\top	$\diamondsuit$	\\diamondsuit
$\Re$	\\Re	ℓ	\\ell	$\bot$	\\bot
$\heartsuit$	\\heartsuit	$\Im$	\\Im	$\imath$	\\imath
∂	\\partial	$\spadesuit$	\\spadesuit	$\hbar$	\\hbar
$\jmath$	\\jmath	$\angle$	\\angle	$\mho$	\\mho

D.12   Zeichenkodetabellen

D.12.1   Der Roman-Zeichensatz

Kode	Zeichen	Kode	Zeichen	Kode	Zeichen	Kode	Zeichen
0	`	1	´	2	^	3	~
4	¨	5	˝	6	°	7	ˇ
8	˘	9	¯	10	˙	11	¸

Kode	Zeichen	Kode	Zeichen	Kode	Zeichen	Kode	Zeichen
12	ʻ	13	,	14	‹	15	›
16	"	17	"	18	„	19	«
20	»	21	–	22	—	23	
24	°	25	ı	26	ȷ	27	ff
28	fi	29	fl	30	ffi	31	ffl
32	˘	33	!	34	"	35	#
36	$	37	%	38	&	39	'
40	(	41	)	42	*	43	+
44	,	45	-	46	.	47	/
48	0	49	1	50	2	51	3
52	4	53	5	54	6	55	7
56	8	57	9	58	:	59	;
60	<	61	=	62	>	63	?
64	@	65	A	66	B	67	C
68	D	69	E	70	F	71	G
72	H	73	I	74	J	75	K
76	L	77	M	78	N	79	O
80	P	81	Q	82	R	83	S
84	T	85	U	86	V	87	W
88	X	89	Y	90	Z	91	[
92	\	93	]	94	^	95	_
96	`	97	a	98	b	99	c
100	d	101	e	102	f	103	g
104	h	105	i	106	j	107	k
108	l	109	m	110	n	111	o
112	p	113	q	114	r	115	s
116	t	117	u	118	v	119	w
120	x	121	y	122	z	123	{
124	|	125	}	126	~	127	-
128	Ă	129	Ą	130	Ć	131	Č
132	Ď	133	Ė	134	Ę	135	Ğ
136	Ĺ	137	Ľ	138	Ł	139	Ń
140	Ň	141	Ŋ	142	Ő	143	Ŕ
144	Ř	145	Ś	146	Š	147	Ş
148	Ṫ	149	Ţ	150	Ŭ	151	Ű
152	Ÿ	153	Ź	154	Ž	155	Ż
156	IJ	157	İ	158	đ	159	§
160	ă	161	ą	162	ć	163	č
164	ď	165	ě	166	ę	167	ğ
168	ĺ	169	ľ	170	ł	171	ń
172	ň	173	ŋ	174	ő	175	ŕ
176	ř	177	ś	178	š	179	ş
180	ť	181	ţ	182	ű	183	ů
184	ÿ	185	ź	186	ž	187	ż
188	ij	189	¡	190	¿	191	£
192	À	193	Á	194	Â	195	Ã
196	Ä	197	Å	198	Æ	199	Ç
200	È	201	É	202	Ê	203	Ë
204	Ì	205	Í	206	Î	207	Ï
208	Đ	209	Ñ	210	Ò	211	Ó
212	Ô	213	Õ	214	Ö	215	Œ
216	Ø	217	Ù	218	Ú	219	Û

Kode	Zeichen	Kode	Zeichen	Kode	Zeichen	Kode	Zeichen
220	Ü	221	Ý	222	Þ	223	SS
224	à	225	á	226	â	227	ã
228	ä	229	å	230	æ	231	ç
232	è	233	é	234	ê	235	ë
236	ì	237	í	238	î	239	ï
240	ð	241	ñ	242	ò	243	ó
244	ô	245	õ	246	ö	247	œ
248	ø	249	ù	250	ú	251	û
252	ü	253	ý	254	þ	255	ß

D.13 AMS-LATEX-Zeichensätze

Die in den Tabellen dieses Abschnitts aufgeführten Zeichen und Symbole stehen nur
zur Verfügung, wenn das Zusatzpaket **amsmath** geladen ist. Einige der durch AMS-
LATEX unterstützen Befehle zum Erzeugen von Zeichen und Symbolen gibt es auch in
LATEX 2$_\varepsilon$. Wird jedoch AMS-LATEX verwendet, gelten nur die AMS-LATEX-Befehle.
Die gleichlautenden LATEX 2$_\varepsilon$-Befehle verlieren dadurch ihre Bedeutung.

D.13.1 AMS-LATEX-Symbole für binäre Operationen

Zeichen	Befehl	Zeichen	Befehl
⋉	\ltimes	⋊	\rtimes
⋏	\curlywedge	⋎	\curlyvee
⋒	\Cap	⋓	\Cup
⋅	\centerdot	⊺	\intercal
⋋	\leftthreetimes	⋌	\rightthreetimes
⊼	\barwedge	⊽	\veebar
⩞	\doublebarwedge	∔	\dotplus
╲	\smallsetminus	⋇	\divideontimes
⊚	\cirlcedcirc	⊛	\circledast
⊝	\circleddash	⊞	\boxplus
⊟	\boxminus	⊠	\boxtimes
⊡	\boxdot		

D.13.2 AMS-LATEX-Vergleichsoperatioren

Zeichen	Befehl	Zeichen	Befehl
≦	\leqq	≧	\geqq
⩽	\leqslant	⩾	\geqslant
⪕	\eqslantless	⪖	\eqslantgtr
≲	\lesssim	≳	\gtrsim
⪅	\lessapprox	⪆	\gtrapprox

Zeichen	Befehl	Zeichen	Befehl
⋖	\lessdot	⋗	\gtrdot
⋘	\lll	⋙	\ggg
≶	\lessgtr	≷	\gtrless
⋚	\lesseqgtr	⋛	\gtreqless
	\lesseqqgtr		\gtreqqless
⊆	\subseteqq	⊇	\supseteqq
⋐	\Supset	⊏	\sqsubset
⊐	\sqsupset	≼	\preccurlyeq
≽	\succcurlyeq	⋞	\curlyeqprec
⋟	\curlyeqsucc	≾	\precsim
≿	\succsim	⪷	\precapprox
⪸	\succapprox	◁	\vartriangleleft
▷	\vartriangleright	≑	\doteqdot
≗	\circeq	≖	\eqcirc
≜	\triangleq	≓	\risingdotseq
≒	\fallingdotseq	∽	\backsim
⋍	\backsimeq	∼	\thicksim
≈	\thickapprox	≊	\approxeq
≏	\bumpeq	≎	\Bumpeq
≬	\between	⋔	\pitchfork
∝	\varpropto	϶	\backepsilon
◀	\blacktriangleleft	▶	blacktriangleright
⊴	\trianglelefteq	⊵	\trianglrighteq
⊨	vDash	⊩	\Vdash
⊪	\Vvdash	⌣	smallsmile
⌢	\smallfrown	∣	\shortmid
∥	shortparallel	∴	\therefore
∵	\because		

D.13.3   Negierte $\mathcal{AMS}$-LaTeX-Vergleichssymbole

Zeichen	Befehl	Zeichen	Befehl
≮	\nless	≯	\ngtr
≰	\nleq	≱	\ngeq
⪇	\nleqslant	⪈	\ngeqslant
≨	\nleqq	≩	\gneqq
⪇	\lneqq	⪈	\gneqq
⪉	\lvertneqq	⪊	\gvertneqq
⋦	\lnsim	⋧	\gnsim
⪹	\lnapprox	⪺	\gnapprox
⊀	\nprec	⊁	\nsucc

Zeichen	Befehl	Zeichen	Befehl
⋠	\npreceq	⋡	\nsucceq
⪵	\precneqq	⪶	\succneqq
⋨	\precnsim	⋩	\succnsim
⪹	\precnapprox	⪺	\succnapprox
⊄	\nsubseteq	⊅	\nsupseteq
⊈	\nsubseteqq	⊉	\nsupseteqq
⊊	\subsetneq	⊋	\supsetneq
⫋	\subsetneqq	⫌	\supsetneqq
⊊	\varsubsetneq	⊋	\varsupsetneq
⫋	\varsubsetneqq	⫌	\varsupsetneqq
≁	\nsim	≇	\ncong
∤	\nshortmid	∦	\nshortparallel
∤	\nmid	∦	\nparallel
⊬	\nvdash	⊭	\nvDash
⊮	\nVdash	⊯	\nVDash
⋪	\ntriangleleft	⋫	\ntriangleright
⋬	\ntrianglelefteq	⋭	\ntrianglerighteq

D.13.4 AMS-LATEX-Zeigersymbole

Zeichen	Befehl	Zeichen	Befehl
⇇	\leftleftarrows	⇉	\rightrightarrows
⇆	\leftrightarrows	⇄	\rightleftarrows
⇚	\Lleftarrow	⇛	\Rrightarrow
↞	\twoheadleftarrow	↠	\twoheadrightarrow
↢	\leftarrowtail	↣	\rightarrowtail
↫	\looparrowleft	↬	\looparrowright
↶	\curvearrowleft	↷	\curvearrowright
↺	\circlearrowleft	↻	\circlearrowright
⇋	\leftrightharpoons	⇌	\rightleftharpoons
↿	\upharpoonleft	↾	\upharpoonright
⇃	\downharpoonleft	⇂	\downharpoonright
↰	\Lsh	↱	\Rsh
⇝	\rightsquigarrow	↭	\leftrightsquigarrow
↚	\nleftarrow	↛	\nrightarrow
⇍	\nLeftarrow	⇏	\nRightarrow
↮	\nleftrightarrow	⇎	\nLeftrightarrow
⊸	\multimap	⇈	\upuparrows
⇊	\downdownarrows	↾	\restriction

D.13.5   Weitere $\mathcal{AMS}$-LaTeX-Symbole

Zeichen	Befehl	Zeichen	Befehl
□	\square	■	\blacksquare
△	\vartriangle	▲	\blacktriangle
▽	\triangledown	▽	\triangledown
▼	\blacktriangledown	◊	\lozenge
◆	\blacklozenge	∠	\angle
∡	\measuredangle	◁	\sphericalangle
Ⓢ	\circledS	★	\bigstar
∅	\varnothing	\	\backprime
∄	\nexists	∁	\complement
F	\digamma	⊐	\beth
ℏ	\hbar	ϰ	\varkappa
ℷ	\gimel	ℏ	\hslash
ð	\eth	ℸ	\daleth
℧	\mho	⌜	\ulcorner
⌝	\urcorner	⌞	\llcorner
⌟	\lrcorner	®	\circledR
✓	\checkmark	✠	\maltese
¥	\yen		

Die letzten vier Zeichen der Tabelle können Sie auch im normalen Textmodus verwenden. Alle übrigen $\mathcal{AMS}$-LaTeX-Symbole können nur im mathematischen Modus genutzt werden.

Anhang E

Lösungen der Aufgaben

E.1   Lösungen – Kapitel 2

Aufgabe 2.1:

```
\begin{flushleft}
Absätze können in \LaTeX\ sowohl links-\\
als auch rechtsbündig ausgerichtet werden.\\
Sie können aber auch zentriert werden.\\
\end{flushleft}


\begin{flushright}
Absätze können in \LaTeX\ sowohl links-\\
als auch rechtsbündig ausgerichtet werden.\\
Sie können aber auch zentriert werden.\\
\end{flushright}


\begin{center}
Absätze können in \LaTeX\ sowohl links-\\
als auch rechtsbündig ausgerichtet werden.\\
Sie können aber auch zentriert werden.\\
\end{center}
```

Aufgabe 2.2

```
\begin{quote}
Mit der Umgebung \textit{quote} wird ein Absatz links
```

und rechts eingezogen. Die Stärke des Einzug hängt
von der im Absatz verwendeten Schriftgröße ab.
\end{quote}
\par
\begin{quotation}
Mit der Umgebung \textsl{quotation} wird ein Absatz
ebenfalls links und rechts eingezogen. Der Unterschied
zu \textit{quote} besteht nur darin,
daß die erste Zeile zusätzlich eingezogen wird.\\
\end{quotation}
\par
\begin{verse}
Über allen Gipfeln\\
Ist Ruh\grq \\
In allen Wipfeln\\
Spürest du\\
Kaum einen Hauch;\\
Die Vögelein schweigen im Walde.\\
Warte nur, balde\\
Ruhest du auch.\\
\begin{flushright}
\textit{J. W. von Goethe}
\end{flushright}
\end{verse}

Aufgabe 2.3

\begin{quote}
\setlength\baselineskip{12pt}
In diesem Absatz beträgt der Abstand zwischen den
Zeilen 12pt. In diesem Absatz beträgt der Abstand
zwischen den Zeilen 12pt. In diesem Absatz beträgt
der Abstand zwischen den Zeilen 12pt.\\
\par
\setlength\baselineskip{14pt}
In diesem Absatz beträgt der Abstand zwischen den
Zeilen 14pt. In diesem Absatz beträgt der Abstand
zwischen den Zeilen 14pt. In diesem Absatz beträgt
der Abstand zwischen den Zeilen 14pt.\\
\par
\setlength\baselineskip{12pt}
In diesem Absatz beträgt der Abstand zwischen den
Zeilen 12pt. In diesem Absatz beträgt der Abstand
zwischen den Zeilen 12pt. In diesem Absatz beträgt
der Abstand zwischen den Zeilen 12pt.\\
\end{quote}

Aufgabe 2.4

```
\begin{quote}
Der Abstand zwischen\\ \smallskip
den einzelnen Zeilen\\ \medskip
wird immer größer \\  \bigskip
und größer, um dann \\*[3cm]
3~cm zu betragen.
\end{quote}
```

Aufgabe 2.5

```
\begin{itemize}
\item Vorteile bei der Arbeit mit Aufzählungen mit \LaTeX\
sind:
\begin{enumerate}
\item Die Verwaltung der Nummern und Symbole erfolgt
automatisch.
\item Das Einziehen der einzelnen Ebenen erfolgt automatisch.
\end{enumerate}
\item Nachteile bei der Arbeit mit Aufzählungen mit \LaTeX\
sind:
\begin{enumerate}
\item Bei kompliziert strukturierten Aufzählungen kann bei
vielen Ebenen schnell die Übersichtlichkeit verlorengehen.
\item Wie bei der gesamten Arbeit mit \LaTeX\ kann das
Ergebnis erst nach der Bearbeitung durch \LaTeX\ betrachtet
werden.
\end{enumerate}
\end{itemize}
```

E.2   Lösungen – Kapitel 3

Aufgabe 3.1

```
ä, ö, ü, \glqq deutsche Anführungszeichen\grqq, \flqq
französische Anführungszeichen\frqq,  Kfz-Versicherung,
die Strecke Berlin -- Wiesbaden, das Problem ist --- so
wie es allgemein bekannt ist --- teilweise lösbar.
```

Aufgabe 3.2

```
\glqq Ist Ihnen das {\OE}vre des Meisters bekannt?\grqq,
fragte erzweifelnd. \glqq Natürlich\grqq, antwortete er
schlagfertig und dachte: \glq Ich habe es doch auf der
```

```
Insel R{\o}m{\o} gehört.\grq. Die Maßeinheit des
elektrischen Widerstands ist Ohm ($\Omega$).
```

Aufgabe 3.3

```
Die Verwendung \textbf{mehrerer} \textit{Schriftarten}
in einem Dokument führt nicht \textsl{immer} zu einem
ansprechenden \texttt{Ergebnis}.
```

Aufgabe 3.4

```
\tiny{A}\scriptsize{B}\footnotesize{C}\small{D}
\normalsize{E}\large{F}\Large{G}\LARGE{H}\huge{I}\Huge{J}
```

Aufgabe 3.5

```
Bei einer großen \huge Schrift ist der durch den
\textit{quad}-Befehl erzeugte \quad Zwischenraum
größer als bei einer \footnotesize kleinen \quad Schrift.
\normalsize Der Abstand zwischen den Buchstaben
a\hspace*{3cm} b beträgt genau 3~cm. \\
```

E.3 Lösungen – Kapitel 4

Aufgabe 4.1

```
\begin{longtable}{|p{2cm}|p{2cm}|p{2cm}|p{2cm}|p{2cm}|}
\hline
& Soll & Ist & Soll & Ist  \\ \hline
& & & &     \\ \hline
& & & &    \\ \hline
& & & &    \\ \hline
& & & &    \\ \hline
& & & &    \\ \hline
& & & &    \\ \hline
\end{longtable}
```

E.4 Lösungen – Kapitel 6

Aufgabe 6.1

```
$1+2=3$, $2=\sqrt{4}$, $v=a^3$
```

Aufgabe 6.2

\[\omega^2=c^2(k_x^2+k_y^2+k_z^2)\]

Aufgabe 6.3

\[E_i=-\frac{D_{0i}}{2\varepsilon^{(i)}}\]

Aufgabe 6.4

\[\varphi=\frac{\varepsilon}{\sqrt{\varepsilon^{(x)}
\varepsilon^{(y)}\varepsilon^{(z)}}}\]

Aufgabe 6.5

\[a=\frac{\int_0^8+\sum_{i=0}^{12}x_i^2}{
\sqrt[5]{a^2+\sqrt{xy}}}\]

Aufgabe 6.6

\[p'=\left(\frac{\delta p}{\delta \varrho}\right)_S
\varrho'\]

Aufgabe 6.7

\[u_{2,3}=\frac{1}{2}\left\{\sqrt{u_0^2+\frac{H^2}{4\pi
\varrho}+\frac{H_xu_0}{\sqrt{\pi \varrho}}} \pm
\sqrt{u_0^2+ \frac{H^2}{4\pi \varrho}-\frac{H_xu_0}
{\sqrt{\pi \varrho}}}\right\}\]

Aufgabe 6.8

\[\left(\begin{array}{ccccc}
x_{11} & x_{12} & x_{13} & \cdots & x_{1n} \\
x_{21} & x_{22} & x_{23} & \cdots & x_{2n} \\
x_{31} & x_{32} & x_{33} & \cdots & x_{3n} \\
\vdots & \vdots & \vdots & \vdots & \vdots \\
x_{n1} & x_{n2} & x_{n3} & \cdots & x_{nn} \\
\end{array} \right) \]

Aufgabe 6.9

\[E_x=A_1\cos k_x \sin k_yy \sin k_z e^{-i \omega t}\]

\[E=\frac{A}{f^{1/4}}\cos \left(\int\limits_0^z
\sqrt{f}dz+\frac{\pi}{4}\right)\]

Aufgabe 6.10

```
\begin{eqnarray}
\frac{\delta H}{\delta t}+\frac{\delta(v_xH)}
{\delta x}
& = & 0\mbox{,}\\
\frac{\delta \varrho}{\delta t}+\frac{\delta(v_x\varrho)}
{\delta x}
& = & 0\mbox{,}\\
\frac{\delta v_x}{\delta t}+v_x\frac{\delta v_x}
{\delta x} + \frac{1}{8 \pi}
\varrho}\frac{\delta Hř 2}{\delta x} & = & -\frac{1}
{\varrho} \frac{\delta p}{\delta x}
\end{eqnarray}
```

E.5   Lösungen – Kapitel 7

Aufgabe 7.1:

```
 \begin{align}
\rot \mathbf{E} = i \frac{\omega}{c}\mathbf{B}
& \text{\qquad,\qquad}
& \rot \mathbf{H}=-i \frac{\omega}{c}\mathbf{D}
+\frac{4\pi}{c}\mathbf{j}_a
\end{align}
```

Aufgabe 7.2:

```
\[
\begin{cases}
E= \frac{A}{f^{1/4}}cos\left(\int_0^z \sqrt{f}dz
+\frac{\pi}{4}\right)
& \text{für \qquad $z<0$,}\\
E= \frac{A}{2\mid f\mid^{1/4}}e^{-\int_0^z\sqrt{
\mid f\mid}dz}
& \text{für \qquad $z>0$,}\\
\end{cases}
\]
```

Aufgabe 7.3:

Nach dem \textsc{Kirchoff}schen Gesetz ist die Intensität
dI der Wärmestrahlung (in einem Element dO des
Raumwinkels) einer beliebigen Fläche mit der
Strahlungsintensität dI_0 eines schwarzen Körpers durch
die Beziehung $dI=(1-R)dI_0$ verbunden, wo R der
Reflexionskoeffizient der gegebenen Fläche für das natürliche

Licht sei. Berechnet man $R=1/2(R_\perp +R_\|)$ mit Hilfe der
Formeln (67,13) und (67,14) und benutzt die Isotropie der
Strahlung der Fläche eines schwarzen Körpers
$(dI_0=I_0do/2\pi)$, so erhalten wir
\[I=2I_0\zeta\int_0^{\pi/2}\left\{1-\frac{1}{\cos^2 \theta
+ 2\zeta' \cos \theta +\zeta^2 +\zeta^{''}^2}\right\}
\cos \theta \sin \theta d\theta.\]

Führen wir die Integration aus und lassen die Terme von
höherer Ordnung in ζ weg, so finden wir
\[
\frac{I}{I_0}=\zeta'\left[\ln \frac{1}{\zeta'^2+
\zeta^{''}^2}+1- \frac{2\zeta'}{\zeta''}\arctan
\frac{\zeta''}{\zeta'}\right] \]

Insbesondere haben wir für Metalle mit einer Impedanz,
die durch die Formel (67,2) bestimmt wird ($\mu=1$),
\[
\frac{I}{I_0}=\sqrt{\frac{\omega}{8\pi \varrho}}
\left[\ln \frac{4 \pi \varrho}{\omega}+
1-\frac{\pi}{2}\right].\]

Aufgabe 7.4:

\begin{align}
dI&=\frac{1}{4 a \pi k}\left\{ \left[\frac{sin(k a
\sin \chi)}
{\sin \frac{\chi}{2}}\right]^2 + \left[i
\frac{\cos(k a \sin \chi)}
{\cos \frac{\chi}{2}}\right]\right\}d\chi\\
\nonumber
&=\frac{ka}{\pi}\left\{ \left[\frac{\sin(k a \sin
\chi)}{k a \sin \chi}\right]^2 \cos \chi +
\frac{1}{\left[2 k a \cos
\frac{\chi}{2}\right]^2}\right\}d \chi.\\
\nonumber
\end{align}

E.6   Lösungen – Kapitel 8

Aufgabe 8.1

\begin{picture}(12,3)
\put(0.0,0.0){\framebox(3,2)[tl]{1. Rechteck}}
\put(4.0,0.0){\framebox(3,2){2. Rechteck}}

```
\put(8.0,0.0){\framebox(3,2)[br]{3. Rechteck}}
\end{picture}
```

Aufgabe 8.2

```
\begin{picture}(12,8)
\thicklines
\put(4.5,8.0){\framebox(2,1)}
\put(4.5,8.5){\makebox(2,0.5){\textsl{Steuer-}}}
\put(4.5,8.0){\makebox(2,0.5){\textsl{organe}}}
\put(2,6.5){\framebox(2,1)}
\put(2,7){\makebox(2,0.5){\textsl{aero-}}}
\put(2,6.5){\makebox(2,0.5){\textsl{dynamische}}}
\put(4.3,6.5){\framebox(2.4,1)}
\put(4.3,7){\makebox(2.4,0.5){\textsl{schwerpunkt-}}}
\put(4.3,6.5){\makebox(2.4,0.5){\textsl{verschiebende}}}
\put(7,6.5){\framebox(2,1){\textsl{reaktive}}}
\put(4.3,4.5){\framebox(2.4,1.5)}
\put(4.3,5.5){\makebox(2.4,0.5){\textsl{Umpumpen}}}
\put(4.3,5){\makebox(2.4,0.5){\textsl{von Brennstoff}}}
\put(4.3,4.5){\makebox(2.4,0.5){\textsl{in Trimmtanks}}}

\put(0,3){\framebox(1.7,1)}
\put(0,3.5){\makebox(1.7,0.5){\textsl{Klappen-}}}
\put(0,3){\makebox(1.7,0.5){\textsl{ruder}}}
\put(2,3){\framebox(2,1)}
\put(2,3.5){\makebox(2,0.5){\textsl{Flossen-}}}
\put(2,3){\makebox(2,0.5){\textsl{ruder}}}
\put(4.3,3){\framebox(2,1){\textsl{Spoiler}}}

\put(2.3,1.5){\framebox(2,1)}
\put(2.3,2){\makebox(2,0.5){\textsl{Strahl-}}}
\put(2.3,1.5){\makebox(2,0.5){\textsl{ruder}}}
\put(4.6,1.5){\framebox(2.1,1)}
\put(4.6,2){\makebox(2.1,0.5){\textsl{schwenkbare-}}}
\put(4.6,1.5){\makebox(2.1,0.5){\textsl{Düse}}}
\put(7,1.5){\framebox(2,1)}
\put(7,2){\makebox(2,0.5){\textsl{Steuer-}}}
\put(7,1.5){\makebox(2,0.5){\textsl{triebwerke}}}
\put(9.3,1.5){\framebox(2,1)}
\put(9.3,2){\makebox(2,0.5){\textsl{Steuer-}}}
\put(9.3,1.5){\makebox(2,0.5){\textsl{düsen}}}

\thinlines
\put(5.5,8.0){\line(0,-1){0.5}}
\put(5.5,6.5){\line(0,-1){0.5}}
```

```
\put(3,7.5){\line(0,1){0.25}}
\put(8,7.5){\line(0,1){0.25}}
\put(3,7.75){\line(1,0){5}}
\put(3,6.5){\line(0,-1){2.5}}
\put(0.9,4){\line(0,1){0.25}}
\put(5.3,4){\line(0,1){0.25}}
\put(0.9,4.25){\line(1,0){4.4}}
\put(8,6.5){\line(0,-1){4}}
\put(3.2,2.5){\line(0,1){0.25}}
\put(6,2.5){\line(0,1){0.25}}
\put(10.2,2.5){\line(0,1){0.25}}
\put(3.2,2.75){\line(1,0){7}}
\end{picture}
```

Aufgabe 8.3

```
\begin{picture}(7,8)
\thicklines
\multiput(1,0)(6,0){2}{\line(0,1){6}}
\multiput(1,0)(0,6){2}{\line(1,0){6}}
\thinlines
\multiput(1,0)(0.5,0){12}{\line(0,1){6}}
\multiput(1,0)(0,0.5){12}{\line(1,0){6}}

\thicklines
\bezier{250}(1,0) (2.5,5) (4,3)
\bezier{250}(4,3) (6,1.5) (7,6)

\put(2,7){Eine schöne Kurve}
\put(0,2){\shortstack{B\\e\\z\\i\\e\\r}}

\end{picture}
```

Stichwortverzeichnis

Literaturverzeichnis

[Abd96]   Rames Abdelhamid. *Das VIEWEG LATEX2E-Buch.* Vieweg Verlag, 3., vollst. überarb. und erw. aufl. Auflage, 1996. ISBN 3-528-25/45-X.

[Bän93]   Axel Bänsch. *Wissenschaftliches Arbeiten: Seminar- und Diplomarbeiten.* Oldenbourg, 2., verb. und erg. Auflage, 1993. ISBN 3-486-22567-7.

[GMS94]   Michael Gossens, Frank Mittelbach, und Alexander Samarin. *Der LaTeX-Begleiter.* Addison-Wesley, Bonn, Paris, Reading, Mass. [u.a.], 1994. ISBN 3-89319-646-3.

[Hög94]   Holger Höge. *Schriftliche Arbeiten im Studium: Ein Leitfaden zur Abfassung wissenschaftlicher Texte für Psychologen und Sozialwissenschaftler.* Kohlhammer, 1994. ISBN 3-17-013045-5.

[LL80]   L.D. Landau und E.M. Lifschitz. *Lehrbuch der theoretischen Physik*, Band VIII, Elektrodynamik der Kontinua. Akademie-Verlag, Berlin, 1980.

[Mac96]   Torsten Machert. *Theorie und Praxis fotorealistischer Computergrafiken.* Vieweg Verlag, 1996. ISBN 3-528-0554.

[Mac97]   Torsten Machert. *Wissenschaftliches Publizieren mit LaTeX2ε.* Vieweg Verlag, 1997.

[Poe88]   Klaus Poenicke. *Wie verfaßt man wissenschaftliche Arbeiten? Ein Leitfaden vom ersten Studiensemester bis zur Promotion.* Die Duden Taschenbücher: Bd.21, 1. Aufl. im Verlag Bibliogr. Inst., Mannheim, Zürich. Dudenverlag, 2., neu bearbeitete Auflage, 1988. ISBN 3-411-02751-7.

Grundkurs Wirtschaftsinformatik
Eine kompakte und praxisorientierte Einführung

von Dietmar Abts und Wilhelm Mülder

2., überarb. Aufl. 1998. XII, 345 S.
(Ausbildung und Studium) Kart. DM 48,–
ISBN 3-528-15503-5

Aus dem Inhalt: Rechnersysteme - Software - Lokale Rechnernetze - Datenfernübertragung - Datenbanken - Bürokommunikation - Software-Entwicklung - Betriebliche Informationssysteme - Informationsmanagement

Die zweite Auflage des erfolgreichen Standardwerkes wurde vollständig überarbeitet und aktualisiert. Sie bietet dem Leser eine praxisbezogene Einführung in wesentliche Teilgebiete der Wirtschaftsinformatik unter Verwendung des bewährten Konzeptes. Zur praktischen Umsetzbarkeit des erlernten Stoffes wurde ein Fallbeispiel entwickelt, das sich durch sämtliche Kapitel zieht und einen kompletten Projektverlauf der DV-Einführung beschreibt. Hierbei sind die Lerninhalte optisch von dem Fallbeipiel abgegrenzt. Jedes Kapitel enthält einen Übungsteil mit Lösungshinweisen und kann gezielt bearbeitet werden.

Stand 1.1.98
Änderungen vorbehalten.
Erhältlich im Buchhandel
oder beim Verlag.

Abraham-Lincoln-Str. 46, Postfach 1547, 65005 Wiesbaden
Fax: (06 11) 78 78-4 00, http://www.vieweg.de